십대를위한
**드라마 속
과학인문학
여행**

십 대를 위한
드라마 속 과학인문학 여행

초판 1쇄 발행 2019년 9월 25일
초판 3쇄 발행 2020년 8월 12일

지은이 최원석
펴낸이 이지은 펴낸곳 팜파스
기획편집 박선희 마케팅 김서희, 김민경
디자인 조성미
인쇄 아람P&B

출판등록 2002년 12월 30일 제 10 - 2536호
주소 서울특별시 마포구 어울마당로5길 18 팜파스빌딩 2층
대표전화 02 - 335 - 3681 팩스 02 - 335 - 3743
홈페이지 www.pampasbook.com | blog.naver.com/pampasbook
이메일 pampas@pampasbook.com

값 13,800원
ISBN 979 - 11 - 7026 - 262 - 6 (43400)

이 도서의 국립중앙도서관 출판시도서목록(CIP)은 서지정보유통지원시스템 홈페이지
(http://seoji.nl.go.kr)와 국가자료공동목록시스템(http://www.nl.go.kr/kolisnet)
에서 이용하실 수 있습니다.(CIP제어번호: CIP2019033681)

삶을 그려낸 드라마에 담긴
흥미진진한 과학, 그리고 따뜻한 인문학

십 대를 위한
드라마 속
과학인문학
여행

최원석 지음

팜파스

서문

아리스토텔레스와 갈릴레오 사이에서 드라마를 본다면 어떤 대화를 할까?

드라마는 지루한 부분을 잘라 낸 인생이다.

(Drama is life with the dull bits cut out.)

_알프레드 히치콕 감독

드라마가 없는 우리 삶을 상상할 수 있을까? 삭막한 현실에서 감정과 상상의 이야기를 담은 드라마는 비타민 같은 존재다. 우리는 흔히 드라마(drama)라고 하면 TV 드라마를 떠올리지만 원래는 시나 소설, 비평과 같은 문학 장르인 희곡(戲曲)을 가리키는 말이다. 무대 공연을 전제로 쓴 대본을 의미했는데 이제는 대본을 통해 이뤄지는 공연물과 방송물을 모두 일컫는 말이 되었다.

TV는 물론 웹, 모바일 등 다양한 매체로 드라마가 방영된다. 비단 우리나라 드라마만이 아니라 미드(미국 드라마), 영드(영국 드라마), 일드(일본 드라마) 등 각국의 드라마가 넷플릭스(Netflix)와 같은 콘텐츠 공급업체를 통해 전 세계에 공급되어 많은 사람들에게 사랑받고 있다. 그렇다면 드라마가 왜 인기를 끄는 것일까? 당연하게도 재미있기 때문이다. 히치콕의 말처럼 지루한 부분을 잘라 낸 누군가의 인생 이야기는 무척 재미있다. 사람들은 그저 사실을 전달하는 뉴스보다는 이야기에 더 많이 끌린다. 어쩌면 이야기야말로 인간의 모든 문화를 탄생시킨 원동력이 아닐까?

드라마가 재미있는 것과 달리 과학은 어렵고 재미도 없다. 과학을 재미있다고 말하고 '과학 하기'를 즐긴다면 아마 이상한 사람으로 취급할 것이다. 오죽하면 미드 〈빅뱅 이론〉과 영화 〈세 얼간이〉에서는 과학자를 사회 부적응자에 세상 물정을 모르는 인물로 묘사했겠는가?

이처럼 과학이 사람들과 유리되고 재미없게 느껴지는 데는 사실 과학자들의 잘못도 있다. 사람들이 듣고 싶어 하는 이야기는 쏙 빼버리고 팩트만 전달하려 하기 때문이다. 하지만 과학도 드라마처럼 재미있고 흥미로울 수 있다. 과학도 사람이 하는 것이며, 사람들의 이야기를 다루는데 왜 안 되겠는가? 과학은 단지 과학 지식만 공부하는 학문이 아니라 합리적으로 살기 위한 삶의 방식이다. 그렇기에 삶을 그려 낸 드라마를 과학의 눈으로 본다면 전에 보이지 않던 흥미로운 것들이 보인다. 드라마의 소재가 과학자들의 연구 대상과 다르지 않기 때문이다. 다만 드라마 제작자는 소재에서 개연성 있고 흥미로운 스토리를 찾고, 과학자는 왜 그런 일이 일어났는지에 대한 합리적인 이유를 찾을 뿐이다. 흥미롭게도 개연성 있는 이야기라고 해서 반드시 진실인 것은 아니다. 대부분의 경우 과학자는 사람들이 믿고 있던 사실이 진실이 아님을 밝혀내는 일을 한다.

아리스토텔레스는 '무거운 물체가 먼저 떨어진다'와 같이 경험에 잘 부합하는 주장을 하면서 오랜 세월 절대적인 지위를 누렸다. 돌멩이가 나뭇잎보다 먼저 떨어지는 것을 본 사람들은 아리스토텔레스의 주장을 개연성 있는 이야기가 아니라 진실처럼 받아들였다. 그 이야기가 사실이 아니라는 것을 밝혀낸 사람은 갈릴레이와 같은 과학자였다. 작가들은 아리스토텔레스와 같이 개연성 있는 이야기를 만들어 낸다. 개연성이 있다면 그것이 허구이거나 진실이거나 상관없다. 하지만 과학자는 다르다. 아무리 개연성 있는 이야기라도 그것이 가능한지 따져야 직성이 풀린다. 과학자는 그 개연성에 의문을 제기하는 사람이다.

'미래를 예견할 수 있을까?'란 질문에 대해 작가는 미래를 예견할 수 있는 도깨비를 등장시키면 그만이다. 하지만 과학자는 설령 도깨비가 있다고 해도 미래를 예언할 수 있는 능력이 있는지를 검증하려한다. 우주에 있는 어떤 절대자라도 미래를 정확하게 예견할 수 없다는 것이 현대 물리학이 밝혀낸 사실이기 때문이다.

그렇다고 작가들이 허구만 만드는 건 아니다. '로봇과 인간이 사랑할 수 있을까?', '인간 몸의 의미는 무엇일까?'와 같이 과학 기술로 인해 생길 미래와 삶을 성찰할 기회를 제공하는 것도 작가들의 몫이다. 과학자들은 자신의 영역에 갇혀 과학 기술과 사회가 어떤 영향을 주고받는지를 미처 고려하지 못할 때도 있기 때문이다.

이처럼 과학과 인문학은 물과 기름처럼 서로 별개의 문화로 존재하는 것이 아니다. 우리의 삶 속에 그 모든 것이 어우러져 있듯이 과학과 인문학도 서로 융합되어 가야 한다. 그래서 드라마를 통해 과학과 인문학을 이야기하려고 한다. 드라마는 과학과 인문학의 유화제가 되어 마요네즈와 같은 새로운 맛을 창조해 낼 아주 멋진 소재다. 드라마를 보듯 흥미롭게 과학 이야기를 즐겨 주었으면 좋겠다.

목차

▶ 서문
아리스토텔레스와 갈릴레오 사이에서
드라마를 본다면 어떤 대화를 할까?
4

chapter 01
과학, 우주보다 더 우주 같은 '인간'을 향하다

거짓말이야말로 인간만의 권리다? <피고인>   16
▶ 거짓을 판별하는 과학적인 방법들 ▶ 피노키오가 받은 천사의 선물 ▶ 생존의 필수 조건, 거짓

과거가 바뀌면 현재도 바뀔까? <시그널>   33
▶ 시간에 담긴 우주의 비밀 ▶ 시간여행이 가능하기 위해서 반드시 해결해야 할 문제 ▶ 범인을 잡는 과학 수사 ▶ 현장에서 활약하는 과학 수사 기법

과학, 가면 속 인간의 심리를 보다 <군주-가면의 주인>   48
▶ 가면을 쓰면 우리는 다른 사람이 된다 ▶ 가면을 벗고 얼굴에 책임지기 ▶ 산업혁명을 이끌었던 물, 물과 권력은 연결되어 있다?

과학으로 예지몽의 비밀을 풀어내다   64
<당신이 잠든 사이에>
▶ 사고 방지의 책임을 물을 수 있을까? ▶ 정말 미래의 사고를 알 수 없을까? ▶ 꿈의 과학, 예지몽에 담긴 신비를 풀어내다

확률과 선택의 과학, 인간의 자유를 옭아매다   81
<슬기로운 감빵생활>
▶ 자유에는 반드시 '선택할 권리'가 있어야 한다 ▶ 선택권이 많으면 과연 행복할까? ▶ 확률에 익숙하지 않은 인간, 선택에게 배신당하다 ▶ 각본 없는 드라마 야구, 그리고 야구의 과학

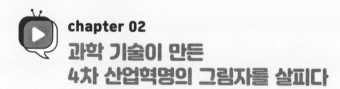

chapter 02
과학 기술이 만든
4차 산업혁명의 그림자를 살피다

4차 산업혁명 시대에 가장 필요한 의술은?　　　102
<낭만닥터 김사부>
▶ 의술이 아무리 발전해도 환자에게 진짜 필요한 것은? ▶ 인공지능 로봇
이 의사가 된다면? ▶ 첨단 기술과 복지 사이의 틈

인체 기관이 부품이 되는 날 <크로스>　　　117
▶ 끊임없는 논란의 소재, 장기이식 ▶ 생명에 대한 수요와 공급의 논리 ▶
기술이 발달할수록 의료계의 고민은 깊어진다

인간의 몸은 뇌를 담는 그릇일까? <우리가 만난 기적> 132
▶ 운세, 인간의 운명을 신이 결정한다? ▶ Ghost in the shell, 몸은 영혼을
담는 그릇인가? ▶ 몸과 마음을 분리해서 생각할 수 있을까? 인공지능 시
대 떠오르는 질문

로봇을 사랑할 수 있나요? <보그맘>　　　148
▶ 피그말리온의 보그맘 ▶ 인공지능과 사랑에 빠진 남자 ▶ 완벽한 인공지
능 아내에게 없는 한 가지

가상현실과 증강현실, 마법 같은 과학이 시작되다　　162
<알함브라 궁전의 추억>
▶ 마법을 실현시키는 증강현실 ▶ 진짜가 된 가상현실 ▶ 게임 중독의 경계
에서

chapter 03
과학은 신의 영역에 도전하며
발전해 왔다

여성이 초인이 된다면? <힘쎈 여자 도봉순>　　　　**186**

▶ 근력과 권력의 상관관계를 살펴보다 ▶ 모계 유전되는 괴력이 있다면? ▶
감정을 마음대로 하는 약이 개발된다면?

요괴와 귀신이 판치는 세상이어도 과학은 필요하다　**203**
<화유기>

▶ 악령이 출몰하는 세상 ▶ 그렇다면 요괴는 어떤 존재들인가? ▶ 초능력에
대한 과학의 입장

인간이 날씨를 조절하는 세상이 열린다　　　　**220**
<쓸쓸하고 찬란하神 도깨비 1>

▶ 도깨비는 레인메이커? ▶ 어떻게 모든 날이 좋을 수 있을까? ▶ 날씨를
조절하는 도깨비 같은 과학 기술

미래를 알고 싶은 사람들이 '도깨비'를 만든다　　　**234**
<쓸쓸하고 찬란하神 도깨비 2>

▶ 완벽한 세상에서 신의 자리는 없다 ▶ '기적'은 어디서 올까? ▶ 엔트로피
세상에 출현한 도깨비 ▶ 자연이 만들어 낸 기적, 생명

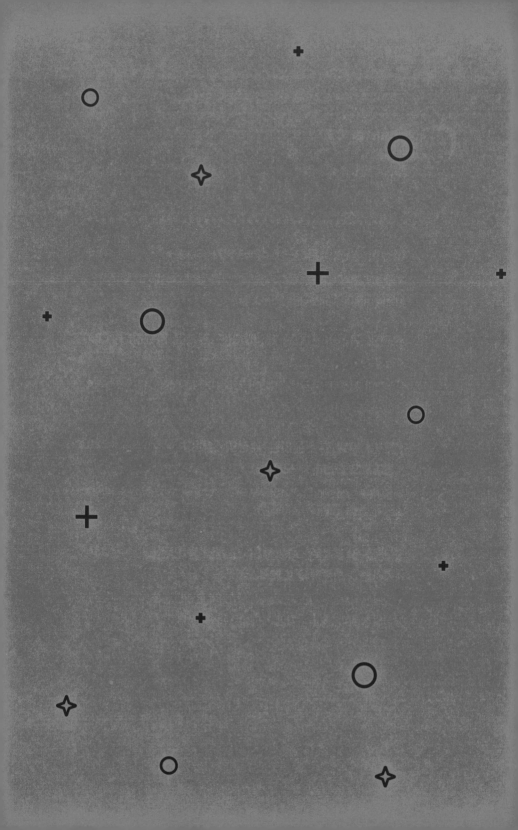

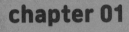

chapter 01

과학,
우주보다 더 우주 같은
'인간'을 향하다

세상 만물은
원자로 이루어져 있다.

_리차드 파인만

공자는 『논어(論語)』의 「이인편(里仁篇)」에서 "조문도 석사가의(朝聞道 夕死可矣)〉"라고 말했다. '아침에 도를 들으면 저녁에 죽어도 좋다.'는 말이다. 여기서 도(道)라는 것은 '사물이 가진 당연한 이치'를 뜻한다. 도는 사물이 지녀야 하는 당위(Sollen)를 나타내는 것으로 도덕이나 윤리와 마찬가지로 형이상학적인 개념이다. 사람이라면 마땅히 인간으로서 지녀야 할 도를 논할 수 있다. 하지만 자연 현상은 당위와 아무런 상관이 없다. 자연은 그저 존재할 뿐이다. 자연 현상을 당위로 해석할 때 자연주의적 오류가 생긴다. 자연주의적 사고방식은 과학이 등장하지 않았던 시절 세상의 이치를 알고자 했던 방식이다. 오늘날 우리는 그것이 비과학적이라는 것을 알지만 여전히 그런 사고방식이 남아 있다.

아직 우리는 도를 알지 못한다. 하지만 과학자들은 세상 만물이 무엇으로 이뤄졌는지는 알아냈다. 바로 '원자(Atom)'다. 작고한 위대한 물리학자 파인만은 인류가 밝혀낸 지식 가운데 가장 위대한 것은 '세상은 원자로 되어 있다'는 것이라고 했다. 세상의 모든 물체가 무엇으로 이뤄졌는지에 대해 철학으로 시작해서 결국 과학에서 그 답을 찾은 것이다. 보이지 않는 세상에 대한 인류의 끊임없는 탐구로 결국 세상의 본질에 대한 위대한 지식을 얻어냈다.

세상은 원자로 이루어져 있지만 이러한 사실을 확인한 것은 인류의 역사에서 극히 최근의 일이다. 눈으로 볼 수도 만질 수도 없는 작은 원자의 세계가 있다는 걸 누구도 믿을 수 없었기 때문이다. 이것은 참으로 모순되는 것처럼 보인다. 그 크기가 너무 작아 아무리 성능 좋은 광학 현미경으로도 직접 보지 못하는 원자가 너무 거대해서 한눈에 볼 수 없을 만큼 광활한 우주를 구성한다는 뜻이기 때문이다.

거짓말이야말로
인간만의
권리다?

피고인

피고인의 유죄를 입증하지 못한 적 없는

대한민국 최고의 강력부 검사가

어느 날 눈떠 보니 구치소 감방이다!

그의 가슴엔 붉은 번호표가 붙어 있다!

내가, 아내와 딸을 죽인 사형수라니!

사건 이후의 기억을 모두 잃는 일시적 기억 상실에 걸린 채

인생 최악의 딜레마에 빠진 검사의 절박하고 필사적인 투쟁.

드라마 <피고인> 홈페이지 중

1883년 이탈리아 극작가

카를로 로렌치니(Carlo Lorenzini)는 신문에 살아 움직이는 나무 인형의 모험 이야기를 연재한다. 그러나 신문사와 마찰로 인해 로렌치니는 나무 인형이 목매달아 죽는 것으로 이야기를 끝내 버린다. 황당한 결말에 독자들의 항의가 빗발치자 신문사는 작가에게 재연재를 부탁하고 푸른 요정이 나무 인형을 살려 내는 해피엔딩으로 마무리한다.

연재가 끝난 후 로렌치니는『피노키오의 모험(Le aventure di Pinocchio, 1883)』이라는 책을 출간한다. 이 동화에서 거짓말을 하면 나무 인형 피노키오의 코가 길어진다는 설정이 너무나 인상적이라서 사람들 대부분이 거짓말에 대한 교훈을 주는 내용으로 기억할 것이다. 하지만 이 소설을 자세히 들여다보면 거짓말을 매개로 한 한 어린이의 성장 소설에 가깝다. 드라마 〈피고인〉에서도 거짓말이 중요한 역할을 한다. 그리고 서로가 서로에게 거짓말로 진실을 감추고 들추려는 사람들이 등장한다.

카를로 로렌치니

피노키오

범인을 잡아서 그들의 죄를 입증하던 검사 박정우(지성 분)는 어느 날 범인으로 몰려 감옥에 갇힌다. 그는 누명을 썼지만 딸을 살리기 위해 스스로 범인이라고 거짓말을 할 수밖에 없었고, 이제는 딸을 살리기 위해 자신의 거짓말을 입증하고 감옥에서 나가려고 한다. 하지만 박정우가 진실을 밝히는 일은 쉽지 않다. 그가 감옥에서 나오기를 원치 않는 진짜 살인자 차민호(엄기준 분)가 방해하기 때문이다.

원래 박정우는 차민호를 수사하던 검사였다. 박정우가 범행을 밝혀내려고 하자 차민호는 쌍둥이 형인 차선호(엄기준 분, 1인 2역이다)에게 도움을 청하러 간다. 여기서 형과 다투다가 형을 죽이고, 자신이 죽은 것으로 모든 것을 위장한 채 형 노릇을 한다. 이것을 수상하게 여긴 박정우가 차민호의 뒤를 캐자 박정우의 부인을 죽이고 그 죄를 박정우에게 덮어씌운 것이다.

만일 살인자 차민호가 피노키오처럼 거짓말을 할 때 코가 길어진다면 쉽게 진실을 밝힐 수 있겠지만 현실은 그렇지 못하다. 살인자인 차민호는 보통 사람들보다 훨씬 능숙하게 거짓말을 한다. 드라마를 시청한 많은 사람들은 거짓말을 능숙하게 하는 범인을 보며 피노키오의 코처럼 거짓말을 정확하게 밝힐 수 있는 방법이 있다면 좋겠다는 생각을 할 것이다. 하지만 거짓말을 하지 못하도록 하고 진실을 밝혀내는 것이 무조건 좋은 것은 아니다.

거짓을 판별하는 과학적인 방법들

"형. 미안해. 어쩔 수 없었어. 이해하지?"

_〈피고인〉 중 차민호의 대사

이 드라마에서 동생이 형을 죽이고 형 노릇을 한다. 그것이 가능했던 것은 두 사람이 쌍둥이였기 때문이다. 완벽하리만큼 외모가 같은 것으로 봐서 일단 이 두 사람은 일란성 쌍둥이일 것이다. 만일 이란성 쌍둥이라면 형제 간 정도로밖에 닮지 않기에 주변 사람들을 속이기 어렵다. 사실 일란성 쌍둥이어도 일반적으로 가족은 두 사람을 구분해낸다. 그래서 치매에 걸린 어머니는 병원으로 찾아온 아들을 형이 아니라 동생 민호라고 알아보는 것이다. 형을 죽이고 형의 집으로 찾아가자 형수도 바로 동생이라는 것을 알아본다. 또한 아버지도 아들 하나를 잃었는데 다른 하나마저 잃을 수 없다며 동생이 형 역할을 하는 것을 모른 척한다.

가족들과 달리 주변 사람들은 일란성 쌍둥이인 두 사람을 잘 구분하지 못한다. 하지만 아무리 닮았어도 갑자기 다른 사람의 행세를 하려다 보니 동생 차민호는 자주 실수를 한다. 그때마다 그는 실수를 덮기 위해 거짓말을 둘러대고 가짜 증거로 위기를 모면한다.

드라마 속뿐만 아니라 실제 세상에도 거짓이 난무한다. 거짓말이 얼마나 많으면 TV 예능프로그램에서도 장난감 거짓말탐지기로 게임을 하겠는가? 이러한 세상에서 거짓을 판별하는 능력은 대단히 중요하다. 특히 재판장에서는 거짓을 가리는 것이 곧 재판의 결과로 직결된다. 그래서 동서고금을 막론하고 다양한 거짓말 판별법(예를 들면 생쌀을 씹어 침이 묻은 정도를 보는 것. 거짓말을 하면 입안의 침이 마른다는 것 때문에 생긴 방법이다)이 전해져 온다. 그러한 판별법들은 인간이 거짓말을 할 때 긴장한다는 걸 이용한 것으로 타고난 거짓말쟁이에게는 아무런 효과도 없다. 오히려 마음이 약하고 정직한 사람이 긴장하여 죄를 뒤집어쓰는 경우도 많았다.

19세기 중엽에 이르자 이러한 신체 반응을 과학적으로 측정하는 장치들이 등장하면서 거짓말탐지기를 만들 수 있다고 생각하는 이들이 등장했다. 대표적인 인물이 이탈리아의 범죄학자로 유명한 롬브로소(Cesare Lombroso)였다. 그는 거짓말을 할 때 혈압과 맥박의 변화를 측정해 거짓말을 가릴 수 있다고 여겼다. 20세기에 들어서자 이탈리아의 심리학자 베누씨(Vittorio Benussi)는 호흡계를 이용하는 방법을 제안했다. 1921년 미국의 법의학자인 존 라슨은 혈압, 맥박, 호흡 등을 동시에 측정하는 폴리그래프(polygraph)를 발명했다. 이것이 바로 오

롬브로소

늘날 경찰에서 흔히 사용하는 거짓말탐지기의 원조다. 폴리그래프는 말 그대로 혈압과 맥박, 호흡 등 여러 신체 변화를 동시에 측정해 거짓말을 하는지 판별하도록 만든 기계 장치다. 영화나

1970년대 폴리그래프를 시연하는 모습

드라마에서는 폴리그래프가 매우 정확하다고 묘사되지만 실제 정확도는 70~90% 정도다. 이 정도만 해도 정확하지 않느냐고 할 수 있지만 법정에서 증거로 채택되기에는 부족하다. 피의자 10~30% 정도가 억울한 누명을 쓸 수 있기 때문이다. 그래서 경찰 조사 과정에서는 많이 쓰지만 법정 판결에 영향을 주지는 못한다.

법정에서 증거로 채택되려면 과학자 사회에서 충분히 수용되어야 한다. 쉽게 말하면 거짓말탐지기의 결과가 신뢰성이 있어야 한다. 과학자들은 일관성 있는 결과를 얻을 경우에 그것을 과학적인 결과로 인정한다. 즉 누가 조사해도 진실과 거짓을 명확하게 밝힐 수 있어야 한다는 것이다. 하지만 아직까지 거짓말탐지기는 그러한 요구 조건을 만족시키지 못한다.

거짓말탐지기의 신뢰도가 떨어지는 것은 거짓말탐지기가 거짓말을 판별하는 것이 아니라 거짓말할 때 나타나는 신체 반응을 보고 판별하기 때문이다. 이런 한계를 극복하기 위해 fMRI와 같이 뇌의 반응을

직접 탐지하는 장치를 사용하는 방법이 등장했다. 하지만 이것도 다른 신체 반응보다 조금 더 정확하다는 것이지 거짓말인지를 바로 알 수 있는 것은 아니다. 뇌 반응을 관찰한다고 해도 이것이 사람의 마음을 직접 읽을 수 있다는 의미는 아니기 때문이다. 따라서 fMRI를 활용한 방법도 거짓말탐지기의 연장선상에 있는 셈이다. 그래서 앞으로도 한동안은 거짓말탐지기의 증거 능력이 DNA나 지문보다 낮을 수밖에 없다.

기계의 능력이 떨어진다고 '역시 전통적인 방법이 최고'라고 생각해서는 안 된다. 드라마에서 소위 '발로 뛰는 수사'를 통해 진실을 잘 밝혀내는 것처럼 보이지만 사실은 그렇지 않다. 오죽했으면 영화 〈범죄도시(THE OUTLAWS, 2017)〉에서 마석도(마동석 분) 형사가 진실의 방(범인을 CCTV가 없는 곳에 때려서 자백을 받는 곳)까지 등장시켰겠는가? 어쨌건 분명한 것은 첨단기법이건 전통적인 방법을 사용하건 거짓말을 밝혀내는 것이 결코 쉽지 않다는 것이다.

피노키오가 받은 천사의 선물

만일 피노키오가 피고인이라면 재판이 어떻게 진행될까? 아마도 재판을 진행하는 데 변호사나 검사는 필요 없을지도 모른다. 판사가 필요한 것을 물으면 피고인은 진실을 대답할 수밖에 없으니 말이다. 거짓을 말하면 코가 길어지니까. 판사는 묻고 판단해서 그에 따른 판결을 내리면 그만이다. 하지만 피노키오가 아닌 인간 피고인의 재판에서는 누가 진실을 말하는지 알 수 없다. 법정에서 누구나 진실을 말하고 있다고 주장한다. 피고인은 자신이 결백하며 그것이 사실이라고 주장한다. 반면 검사는 증거를 제시하며 피고인이 범인이라고 주장한다. 따라서 누구의 말이 진실인지 가리기 위해 판사는 변호사와 검사의 주장을 듣고 판단해야 한다.

동생 최민호는 자신에 대한 의심을 풀기 위해 검찰에서 거짓말탐지기 조사를 받는다. 자신이 결백하다는 것을 보여 주려는 거다. 하지만 조사 과정에서 진짜 최민호라면 나올 수 없는 이상한 반응을 한 번씩 보이면서 오히려 거짓말탐지기 조사관들의 오해만 산다. 그가 가짜임을 전혀 생각하고 있지 않던 조사관들은 이상 반응에 어리둥절해한다. 그 사이에 최민호는 또 다른 거짓말로 위기를 모면한다.

이처럼 위기 때마다 최민호는 갖가지 거짓말로 위기에서 빠져나가고 모든 죄를 박정우 검사에게 뒤집어씌운다. 최민호를 잡아넣으려던 박정우가 오히려 덫에 걸려 감옥에 갇힌 것이다. 누명을 쓴 검사 박정우는 결백을 주장하지만 진실을 밝혀내기는 쉽지 않다. 상반된 증언이 있을 경우에는 증거가 있는 사람의 증언이 법정에서 받아들여지기 때문이다. 증거가 없다면 목격자의 진술에 의존해야 한다. 이때 누구의 말이 진실인지 밝혀내는 것이 중요하다.

진실을 밝혀내는 것이 중요한 것은 법정에서만이 아니다. 조금 과장을 보태 말한다면 우리는 거짓말쟁이 세상에 살고 있으며, 날마다 서로 속고 속이는 일을 반복한다. 허위 광고와 정치인의 거짓 공약처럼, 우리는 거짓으로 가득한 세상에 살고 있다. 거짓이 난무하는 세상 속에서 정직은 미덕일 수밖에 없다. 그래서 정직을 강조하기 위해 『늑대와 양치기』 같은 동화에서는 거짓말을 하면 결국 모두 피해를 입는다고 이야기한다. 『늑대와 양치기』는 아이들에게 '거짓말은 나쁜 것이며, 거짓말을 하면 벌을 받는다'는 교훈을 준다. 거짓말에 대해 책임을 묻고 그에 대한 징벌이 필요하다는 생각에 이러한 이야기를 아이들에게 들려주는 것이다.

하지만 이러한 징벌을 담은 이야기가 아이들의 행동을 바꾸지는 못한다. 통념과 달리 아이들은 거짓말을 한 후 벌을 받는 이야기보다는 『피노키오』처럼 정직함에 대한 보상을 주는 이야기에 더 큰 영향을 받는다. 피노키오는 거짓말을 했을 때 코가 길어지는 벌을 받았지만 정직하게 살았더니 천사의 선물을 받아 인간이 된다.

여기서 흥미로운 것은 천사의 선물이다. 피노키오는 거짓말을 하지 않고 착하게 산 결과, 푸른 요정에게서 인간이 되는 상을 받았다. 그 후 달라진 것이 무엇일까? 피노키오는 외모가 나무 인형일 뿐 이전에도 인간과 마찬가지로 생각하고 행동할 수 있었다. 피노키오가 달라진 점은 외모와 함께 거짓말을 할 자유가 생겼다는 것이다. 나무 인형이었을 때 피노키오는 거짓말을 할 수 없었다. 하지만 인간이 된 피노키오는 거짓말을 할 수 있다. 거짓말로 피노키오를 속였던 인간이나 의인화된 동물들처럼.

완벽한 존재인 천사는 거짓말을 할 필요가 없으며, 거짓말이 금방 들통나는 피노키오는 거짓말을 할 수 없다. 오직 인간만이 거짓말을 할 수 있는 선택권이 있다. 사실 피노키오가 '인간이 된다는 것'은 '거짓말을 할 수 있는 자유'를 얻었음을 의미한다. 인간이 된 피노키오는 거짓말을 해도 더 이상 코가 길어지지 않기 때문이다.

피노키오는 성장하면서 정직해지지만 오히려 사람은 성장을 하며 거짓말하는 법을 익힌다. 아이들은 태어나면서부터 거짓말쟁이가 아

거짓말은 인간만의 권리?

니라 성장하면서 거짓말하는 것을 배우게 된다. 그렇다고 이것을 사회가 인간을 타락하게 만든다고 해석해서는 안 된다. 권위적인 사회에서 흔히 등장하는 권모술수와 같은 거짓말은 남에게 고통을 주지만 연인 사이에 오가는 거짓말은 때때로 그들을 행복하게 만들어 주기도한다. 거짓말에 역기능만 있는 것이 아니라 대인관계를 원만하게 만드는 순기능도 있다는 것이다. 이런 면을 본다면, 거짓말을 하게 된다는 것은 사회적 관계 속에서 적절한 방어와 타협을 견주어 낼 줄 아는 능력이 생겼다는 의미도 된다. 그런 이유로, 대부분의 사람들은 피노키오보다 훨씬 많은 거짓말을 하고 살아가고 있다.

생존의 필수 조건, 거짓

"不患人之不己知, 患不知人也.(불환인지불기지, 환부지인야.)"
남이 나를 알아주지 못할 것을 걱정하지 말고, 내가 남을 알아보지 못할 것을
걱정하라.

_「論語(논어)」 學而篇(학이편)

우리는 거짓말이 판치는 세상에 살고 있다. 거짓말을 한 아이에게
엄마나 교사는 거짓말은 나쁜 것이라고 꾸중하지만 모든 거짓말을 막
을 수는 없다. 오히려 어떤 비밀이나 거짓도 없는 세상이 더 삭막하고
살기 힘든 세상이 될 수도 있다. '사이다 발언'이나 돌직구가 필요한
건 사실이지만 상황과 상대를 가리지 않는 발언은 자칫 분쟁과 상처
를 남기기 쉽기 때문이다.

우리는 모두 거짓말을 하며, 거짓말이 없다면 세상을 제대로 살기
어렵다. 소위 '착한 거짓말'이라고 불리는 거짓말이 필요하다는 거다.
"네가 세상에서 가장 예쁘다." "당신이 가장 멋져"라는 말을 자주 하
는 우리가 아닌가? 정직하게만 이야기한다면 이런 말을 듣기 어려울
것이고 그만큼 대인관계는 힘들어질 수 있다. 연인 사이에서는 거짓
이 없다면 많은 커플이 깨질 거다. 물론 사기 결혼과 같이 악의적인
거짓을 옹호하는 건 절대 아니다.

피노키오의 교훈과 달리, '거짓말이 반드시 나쁜 것'이라는 것도 하

나의 편견이다. 보호색과 같은 위장술도 일종의 거짓이다. 보호색이
나 의태는 생존의 필수 요소이며, 이것이 화장이나 패션의 기원이다.
예뻐 보이고 키가 커 보일 뿐 실제는 그렇지 않기 때문에 이것은 모두
거짓인 셈이다. 이처럼 거짓은 생존의 필수 요소이며, 인간의 뇌를 발
달시키는 데 많은 역할을 했다. 인간은 거짓말하는 능력이 발달했기
에 역설적이게도 서로 믿음을 공유하도록 정직을 공동체 유지를 위한

쓸모 있는 거짓말이 있다?

중요한 가치로 여겼던 것이다.

게다가 우리는 피노키오를 종종 거짓말쟁이의 대명사처럼 말하지만 사실 횟수만 따진다면 사람이 훨씬 더 많은 거짓말을 한다. 거짓말을 하는 어른들은 아이들에게 거짓말을 하면 안 된다고 이야기하면서 스스로 얼마나 많은 거짓말을 하는지 모를 뿐이다. 코가 길어지는 것처럼 쉽게 판별할 수단이 없으니 자신이 거짓말을 하는지도 모르고 지나갈 때도 많다. 그러니 거짓말이 금방 들통나는 피노키오의 코를 보고 거짓말을 막는 효과적인 장치라고 생각할지도 모른다. 피노키오의 주변 사람들에게는 효과적인 장치일지 모르지만 피노키오에게는 어떨까? 형벌이나 다름없다. 피노키오에게는 진실과 거짓을 선택할 자유가 없기 때문이다.

물론 거짓말을 할 수 있는 자유가 있어야 한다고 해서 아무 거짓말이나 해도 되는 것은 아니다. 타인에게 피해를 주는 거짓말은 해서는 안 된다. 또한 거짓말이 허락되지 않는 직종도 있다. 바로 과학자 사회다. 과학자는 정직을 바탕으로 연구해야 한다. '황우석 사건'처럼 데이터를 조작할 경우 모든 연구에 대해 다시 검증해야 한다. 과학자들도 인간이기에 때론 연구 윤리를 어기고 자신의 이익을 위해 거짓으로 업적을 발표하는 이들도 종종 있다. 하지만 과학은 항상 검증을 거치기에 이러한 거짓은 들통나기 마련이다.

한편 피노키오 이야기는 로봇은 인간에게 거짓말을 하면 안 된다는 의미로도 볼 수 있다. 스마트폰에 내장된 인공지능에게 아무리 '사랑한다'고 해본들 인공지능은 절대로 거짓으로 사랑한다고 대답하지 않는다. 물론 그런 반응을 보이도록 프로그래밍할 수는 있다. 하지만 그건 미리 사랑한다는 말을 하도록 만든 것일 뿐 거짓말을 하는 것은 아니다. 프로그램에 의해 예측된 답을 내놓는 것이 아니라 인공지능이 진실과 거짓 중 자기 의지로 선택해서 거짓말을 하면 어떻게 될까? 만일 인공지능이 거짓말을 할 수 있다면 곤란한 문제들이 벌어진다. 컴퓨터가 제시한 답이 진실인지 일일이 검토해야 하는 상황을 생각해 보자. 그러한 컴퓨터를 어디에 쓰겠는가? 컴퓨터가 잘못된 결과를 산출하는 경우는 오직 데이터나 알고리즘의 오류에 의한 것일뿐이다. 컴퓨터(즉, 인공지능, 로봇)는 거짓말을 할 줄 모르기에 그 존재 가치가 더욱 돋보인다.

다시 사람의 이야기로 돌아오자. 뇌에서 벌어지는 일을 모두 검사할 수 있는 방법이 등장한다면 이것을 법정에 도입해야 할까? 증인은 법정에서 거짓을 말하지 않겠다고 선서하지만 그들은 고의로, 때로는 부지불식간에 거짓을 말하기도 한다. 하지만 뇌는 거짓말을 하지 않는다. 뇌 과학 연구가 진전되어 뇌를 스캔해 그 사람의 기억을 통째로 볼 수 있는 방법이 나왔다고 가정해 보자. 법원의 명령에 따라 피의자의 기억을 스캔해 보면 그가 범인인지 아닌지 쉽게 밝혀질 것이다. 그렇다면 이 기술을 법정에 도입해야 할까? 법원의 명령이 있을 때 그 사람의 기억을 해킹하는 기술이 허용되어야 하는가? 피의자의 기억이 공개되어 그가 범인이 아니라는 것은 밝혀졌지만 그 과정에서 또 다른 그의 비밀이 밝혀져 피해가 발생한다면 어떻게 하겠는가?

　법정에 선 증인은 위증을 하지 않겠다고 선서를 하지만 증인은 거짓말을 할 수도 있다. 그에게는 거짓말을 선택할 수 있는 자유가 있기 때문이다. 물론 그 자유에는 책임이 따를 테지만 말이다. 이러한 문제를 해결해야 하기 때문에 앞으로 거짓말을 정확하게 알아낼 수 있는 과학적인 방법이 등장하더라도 법정에서 이를 도입하는 것은 신중해야 한다.

　사실 거짓말은 판별하기는 매우 어렵다. 거짓말을 하려면 진실이 무엇인지 알아야 한다. 진실을 알지 못하면 거짓말을 하는 것은 불가능하다. 피노키오의 코가 길어졌다는 것은 피노키오가 진실을 알고 있어야 가능한 일이다. 따라서 거짓을 진실이라고 믿는 자기기만에 빠진 경우, 피노키오의 코는 길어지지 않는다. 진실이라고 믿고 말한 거짓을 우리는 거짓이라고 해야 할까? 이제 우리는 거짓말에 대해 진지하게 생각해야 할 때가 왔다. 그래야 과학이 인간의 마음 영역 어디까지를 살펴봐야 할지 결정할 수 있으니까.

일란성 쌍둥이는 유전자가 100% 같습니다. 유전자가 같기 때문에 유전자 검사로는 두 사람을 구분해 내지 못합니다. 하지만 지문은 다릅니다. 수정 후 발생 과정에서 생겨 일란성 쌍둥이라고 해도 같지 않습니다. 또한 유전자가 똑같은 사람이어도 성격은 다를 수 있습니다. 성격이 유전자의 영향을 더 많이 받는 것은 사실이지만 일부는 환경의 영향도 받기 때문입니다. 일란성 쌍둥이를 연구하면 환경이 얼마나 영향을 주는지 알 수 있습니다. 가계도를 조사하는 방법도 인간 유전을 연구하는 방법입니다. 부모에게서 유전자를 한 쌍씩 물려받기 때문입니다. 인간의 유전자를 조사하면 인간의 진화에 대해서도 많은 사실들을 알 수 있습니다. 인간이 다른 동물과 갈라져 나온 것은 언제인지 알 수도 있고, 다른 동물과의 연관성도 알 수 있습니다.

과거가 바뀌면
현재도 바뀔까?

시그널

"절대 포기하지 마세요. 과거는 바뀔 수 있습니다."

무전으로 연결된 과거와 현재….

과거 형사와 현재 형사,

그들의 간절함이 미제 사건을 해결한다!

이 드라마는 더 이상 상처받는 피해자 가족들이

있어서는 안 된다는 희망과 바람을 토대로 기획되었다.

완전 범죄는 결코 존재할 수 없으며,

죄에 대한 대가는 반드시 치러야 하는 법.

이제 우리는, 정의와 진실을 위해

그들의 시그널에 귀를 기울여야 할 때다.

<시그널> 홈페이지 중

장기 미제 수사 전담팀의

프로파일러 박해영(이제훈 분)은 "세상은 그렇게 아름답지 않아"라고 말하며 세상(특히 경찰)을 삐딱하게 보는 경찰대 출신의 엘리트 경찰이다. 박해영이 세상을 비뚤게 보게 된 데는 그의 직업이 프로파일러라서 무엇이든 깊게 관찰하고 모든 것을 의심하는 태도를 지녔기 때문이기도 하지만, 그가 어린 시절에 겪은 경험 탓도 크다. 그는 초등학교 시절에 살인 사건(김윤정 양 유기 사건) 용의자를 보았다. 그래서 용기를 내 직접 경찰서에 가서 용의자를 봤다고 이야기했는데도, 누구도 그의 말을 귀담아듣지 않았던 것이다. 결국 그 사건의 피해자는 싸늘한 주검으로 발견되었고, 사건은 장기 미제가 되어 버렸다.

프로파일러가 된 해영은 어느 날 폐기물 더미에서 고물 무전기를 한 개 발견한다. 그리고 그 고물 무전기 하나로 현재(극 중 2015년)와 15년 전 과거가 서로 연결된다. 해영은 무전기에서 자신을 열심히 호출하는 과거의 인물, 이재한 경사(조진웅 분)와 통화를 한다. 첫 무전에서 재한은 해영에게 이미 자신과 여러 번 무전을 한 사이처럼 말을 남기고 피습을 당한다. 해영은 자신이 헛것을 들었다고 판단해 넘어가려고 하지만 더욱 이상한 건 그것이 배터리도 없는 방전된 무전기라는 것이다. 해영은 자신이 미치지 않았다는 증거를 찾겠다며 혼자 폐쇄된 정신병원 안으로 들어간다. 그리고 그곳에서 백골 사체를 발견한다. 그 이상한 무전에서 이재한 형사가 단서를 알려 준 대로 가서 진짜 사체를 발견한 것이다. 해영은 사체를 발견한 후 형사 차수현(김혜수 분)에게 연락하면서 과거 사건과 얽혀 들어간다.

시간에 담긴 우주의 비밀

2015년 현재를 사는 프로파일러 해영은 고물 무전기를 통해 15년 전 과거에 살고 있는 형사 재한과 그렇게 이야기를 나누게 된다. 그러니 재한 입장에서 해영은 미래의 인물이다. 첫 무전에서 재한은 해영에게 "해영이 자신에게 선일 정신병원으로 가지 말라고 했다"는 말을 한다. 해영은 재한의 말을 도무지 이해할 수 없다. 해영은 재한을 알지 못하기 때문이다. 그게 첫 무전이었으니 말이다. 이상한 것은 해영에게는 첫 무전인데도 재한은 이미 해영을 알고 있다는 거다. 더 이상한 것은 재한은 해영이 무전으로 앞으로 벌어질 일에 대해 알려 줄 것이라고 말한다. 자신에게 어떤 일이 생기고 범인을 뒤쫓게 된 것은 해영이 무전으로 알려 줬기 때문이라는 것이다.

해영의 입장에서는 재한의 설명을 들어도 이러한 상황이 도무지 이해되지 않는다. 해영은 이것이 첫 무전이므로 아직 재한에게 아무런 경고도 하지 않았기 때문이다. 또한 해영은 이 사건을 아직 접하지 않았으니 재한에게 경고할 수 없다. 그러나 그런 해영의 의문을 풀어 줄 새도 없이 무전기 건너편의 2000년에 사는 재한은 죽을 위기에 처한다. 재한은 죽기 직전에 이 무전은 다시 시작될 것이라고 말한다. 재한은 해영에게 무전으로 더 과거의 재한(1989년)을 만날 것이고, 꼭 그를 설득해야 한다고 말한다. 절대 포기하지 말라는 말을 끝으로 총소리가 울려 퍼진다. 무전은 그렇게 끝이 난다.

드라마를 보지 않은 사람은 이 상황이 쉽게 이해되지 않을 것이다. 재한은 1989년, 해영은 2015년에 있는 사람이다. 따라서 해영에게 재한은 과거 사람이다. 그렇지만 첫 무전에서 과거의 재한이 미래의 해영에게 아직 일어나지 않은 일을 알려 주고 있어서 마치 사건의 인과관계가 성립하지 않는 것처럼 보이기 때문이다. 타임라인이 복잡하지만 일단 단순하게 풀어 보자.

해영이 "포기하지 않으면 된다. 포기하지 않으면 희망은 있다."고 말하는 것은 과거를 바꿔 미래를 변화시킬 수 있다는 의미다. 결국 이 드라마는 이야기 구조가 복잡하지만 과거를 바꾸면 현재가 바뀐다는 인과율을 전제로 한다.

인과율에 따르면 현재는 과거의 사건을 배경으로 한다. 항상 과거가 현재보다 먼저 일어나야 하며 현재가 과거보다 먼저일 수는 없다

는 것이다. 엄마보다 딸이 앞서 태어날 수는 없듯이 결과가 원인보다 먼저 일어날 수는 없다. 이것이 인과율이다. 우리 우주는 인과율의 지배를 받는다. 아무리 시간여행을 한다고 해도 인과율은 보호되어야 한다.

마찬가지로 형사 수현 역시 "과거가 바뀌면 현재도 바뀐다."고 말하는데 그것도 인과율이다. 우리는 수현의 말을 당연하게 받아들인다. 원인이 있으면 결과가 있다는 것으로 결과가 원인을 선행해서 일어날 수 없다. 시간이란 항상 과거에서 현재와 미래로 향해 가는 우리의 세상에서 이것은 당연한 것이다. 그런데 수현의 말은 곰곰이 따지면 뭔가 이상하다. 과거라는 것은 이미 일어난 사건이다. 그런데 '과거를 바꾼다'는 것은 아직 일어난 일이 아니므로 이것은 미래에 일어날 사건이다. 즉 '바뀐 과거'는 과거가 아니라 미래다.

시간여행이 가능하기 위해서
반드시 해결해야 할 문제

이 드라마는 무전기를 통해 시간여행을 하고 있다. 물론 실제로 인물들이 과거나 미래로 이동하는 것은 아니기 때문에 엄밀하게는 시간여행이 아니라고도 할 수 있다. 여행은 직접 다른 장소에 다녀오는 것이니 시간여행도 다른 시간대를 다녀오는 것이 아니냐고 할 수도 있다. 우리가 하는 실제 여행이라는 관점에서 보면 그렇게 생각할 수도 있지만 시간여행에서 반드시 사람이 시간을 거슬러 가야 하는 것은 아니다. 서로 다른 시간대로 정보를 주고받는 것도 다른 시간을 경험하는 시간여행이다. 현재와 다른 시간대에 정보를 보내 주는 장치인 재한과 해영의 무전기는 일종의 타임머신인 셈이다. 즉 해영과 재한을 연결하는 '고장 난 무전기' 덕분에 현재와 과거(재한의 관점에서는 미래와 현재다)가 연결되었다.

그래서 해영과 재한의 무전은 일종의 타임머신이라는 거다. 물론 엄밀하게 구분하면 이런 종류의 SF는 타임슬립(time slip)이라고 한다. 타임머신은 의도한 시간여행이지만 타임슬립은 어떤 시간대로 툭하고 떨어지듯 연결되기 때문이다. 이 드라마는 영화 〈프리퀀시(Frequency, 2000)〉와 플롯이 비슷하다. 이 영화에서는 30년 전 화재로 소방관이었던 아버지를 잃은 아들이 무선 통신을 통해 과거와 현재를 바꿔 나간다. 과연 아들은 아버지를 살릴 수 있었을까? 재미있는 영화이니 궁금하다면 영화를 보기를 권한다.

원래 시간여행은 꿈이나 소설에서나 가능한 이야기였다. 이것을 진지하게 논의할 수 있게 된 것은 아인슈타인의 상대성 이론 덕분이다. 시간이 모두 동일하게 흐르는 것이 아니라 관찰자에 따라 상대적이라는 것으로 기존의 통념을 깨트린 것이다. 물론 상대성 이론으로 타임머신이 과학적으로 불가능하지 않다는 것을 알게 되었지만 여전히 시간여행이 가능한지에 의문을 제기하는 사람이 많다. 일단 과거로 가는 타임머신을 만들기 위해서는 기본적으로 '할아버지 역설(타임머신을 탄 사람이 과거로 날아가 할아버지를 죽게 만드는 사건)'이라는 인과율의 문제를 해결해야 한다. 바로 이 드라마의 문제와 동일한 문제다.

우선 드라마의 이야기를 하기 전에 '할아버지 역설'에 대해 이야기해보자. 타임머신을 탄 사람이 과거로 날아가 할아버지를 죽게 만들었다면 어떻게 손자가 태어날 수 있겠는가? 그래서 인과율의 문제를 해결하지 못하면 타임머신은 만들 수 없다는 것이다. 이 문제를 해결하기 위해 연대기 보호 가설을 내세우기도 한다. 과거로 간 손자는 결코 할아버지를 죽게 할 수 없다는 것이다. 사고든 살인이든 모든 작전이 실패함으로써 역사는 보호된다는 것이다. 하지만 연대기 보호 가설은 이 드라마의 설정과는 맞지 않는다. 역사가 보호되면 과거를 바꿀 수 없으니까.

그렇다면 과거를 바꾼 것을 어떻게 해석해야 할까? 여기에는 다른 우주로 진행한다는 관점으로 해석하면 된다. 다른 우주라는 것은 무수히 많은 평행우주(맥스 테그마크와 같은 과학자들은 평행우주론을 주장하지만 모든 과학자들이 이에 동의하는 것은 아니다. 평행우주에 대해 회의적인 이들도 많다) 사이에서 지금 우리가 살고 있는 우주와는 다른 우주로 진행한다는 것이다. 따라서 과거로 무전을 해서 역사를 바꾸더라도 인과율의 문제를 피할 수 있다는 것이다.

즉 재한과 해영이 바꾼 과거와 현재는 또 다른 세상이다. 재한과 해영이 무전기를 통해 대화하는 과거는 과거가 아니라 미래라는 것이다. 무수히 있는 우주 중에 재한이 범인을 잡은 또는 잡지 못한 과거와 연락해서 바꾼 것은 또 다른 우주일 뿐이다. 그럴 경우 인과율이 깨지는 일은 생기지 않는다. 결론은 한번 일어난 과거 사건은 과거일 뿐 바꿀 수 없다는 것이다.

범인을 잡는 과학 수사

"내게는 경위님이, 미래에 있을 당신이 내 마지막 희망입니다."

_〈시그널〉 중 이재한의 대사

드라마는 15년 전 발생한 초등학생 김윤정 양 유기 사건의 공소시효를 3일 남긴 시점에서 시작된다. 재한과의 무전으로 사건에 얽히게 된 해영은 선일 병원에서 발견된 백골 사체를 15년 전 용의자였던 서형준의 DNA와 비교해 달라고 한다. 검사 결과는 서형준이 맞는 것으로 나온다. 수현은 해영이 사건에 대해 알고 있다는 것이 이상했지만 그의 말대로 병원에서 사체를 찾게 되면서 과거 사건을 다시 조사하게 된다.

그리고 유기 사건 공소 시효가 한 시간도 채 남지 않은 시점에서 해영과 수현은 진짜 용의자인 간호사를 체포한다. 취조에 들어갔으나 공소 시효가 몇 분 남지 않은 상태이고 아직 결정적인 증거는 없다. 증거 없이 용의자에게 자백을 받기 위해 수현은 DNA 증거가 있다고 협박한다. 서형준의 안경에서 용의자의 혈흔이 발견되었고, 15년이

지났지만 DNA 검사를 하면 모든 것이 밝혀진다고 몰아붙인다. 하지만 용의자는 모든 것을 눈치 채고 자백을 하지 않는다. 확실한 증거가 있다면 당신들이 내게 이럴 필요가 없을 것이라면서. DNA 검사 결과는 용의자인 간호사의 DNA로 나왔으나 공소 시효 경과로 용의자는 풀려나서 경찰서 복도를 유유히 걸어 나간다.

이 순간, 또 다른 피해자인 서형준의 공소 시효가 아직 하루 남았다는 사실이 알려진다. 백골 사체의 주차권에 찍힌 날짜를 보고 서형준의 공소 시효는 하루가 남았다는 것을 확인한 것이다. 경찰서를 나서려는 순간에 범인은 다시 체포된다. 범인을 잡았다고 모든 것이 끝난 건 아니다. 어린 딸을 죽인 범인을 잡았지만 딸의 사건으로는 처벌할 수 없다는 것에 엄마는 크게 낙담한다. 범인을 잡았지만 유기 사건으로 처벌할 수 없다는 것이 알려지자 방송에서 공소 시효에 대한 토론이 벌어진다.

드라마 속 공소 시효에 대한 토론 내용을 보면 현실과 크게 다르지 않다. 한편에서는 공소 시효가 범인의 인권만 챙길 뿐이니 공소 시효를 없애야 주장한다. 하지만 반대 측에서는 공소 시효를 없애는 것에 대해 신중해야 한다고 주장한다. 공소 시효를 없애고 장기 미제 사건에 매달리면 수사 인력이 부족해 다른 사건을 제때 해결하지 못해 또 다른 미제 사건을 만들게 된다는 것이다. 극 중에서 경찰은 여론을 무마시키기 위해 마지못해 장기 미제 사건 전담팀을 구성한다. 몇 달이 지나 여론이 잠잠해지면 팀을 해체할 심산으로.

극에서 전담팀이 된 사람들을 바라보는 동료 경찰들의 시선은 곱지 않다. 왜일까? 장기 미제 수사는 곧 과거 경찰들의 치부를 드러내는 일이기 때문이다. 그때 왜 수사를 제대로 하지 못해 미제 사건으로 만들었냐는 소리를 듣게 되니 말이다. 전담팀이 된 프로파일러 해영은 미제 사건들의 사건 파일을 보면서 투덜댄다. "과학이고 이성이고 찾을 수 없어. 이러니까 범인을 못 잡지."라면서 말이다. 그는 과거의 잘못을 바로잡기 위해 과학 수사가 필요하다고 생각한다.

이처럼 장기 미제 사건을 해결할 방법으로 과학 수사가 주목받지만 항상 성공적인 것은 아니다. 경찰에서 결정적인 증거라고 생각했던 것이 법원에서는 인정되지 못하는 경우가 종종 있기 때문이다. 2005년 강릉 노파 살인 사건이나 2009년 제주 보육교사 살인 사건에서 경찰이 새롭게 제시한 과학 수사 증거를 법원에서 인정하지 않은 것이 그러한 경우다.

2005년 강릉 노파 살인 사건에서는 범행에서 발견된 1센티미터짜리 작은 지문밖에 없었다. 당시에는 작은 쪽지문으로는 범인을 식별할 수 없었지만 기술의 발달로 확인할 수 있게 되어 검찰은 용의자를 찾아 기소했다. 그런데 재판에서는 경찰에서 제시한 증거가 범죄 혐의를 입증할 결정적인 증거가 되지 못한다고 봤다. 심증은 있으나 쪽지문 하나만으로 범인으로 단정 지을 수 없다는 것이다. 결정적인 증거가 되기 위해서는 '합리적으로 의심할 여지가 없을 정도로 확실하게 범행 사실을 입증할 수 있는 것'이어야 한다.

현장에서 활약하는 과학 수사 기법

과학 수사 하면 생각나는 것이 국내에도 많은 마니아층이 있는 미국 드라마 〈CSI〉다. 〈CSI〉와 과거 인기를 끈 드라마 〈수사반장〉을 비교해 보면 수사 방법이 얼마나 많이 변했는지 알 수 있다. 과거에는 수사관의 육감과 발로 뛰는 탐문 수사가 범인을 잡는 데 결정적인 역할을 했다면, 이제는 과학적인 조사와 분석으로 현장과 실험실에서 범인을 잡는 시대가 된 것이다.

드라마나 영화에도 종종 등장할 만큼 유명한 '경기 서남부 연쇄 살인 사건'을 한번 살펴보자. 이 사건은 2006년부터 2008년까지 경기도 서남부 지역에서 부녀자 7명이 연쇄적으로 납치되어 살해당한 사건이다. 당시 이 사건이 국민들에게 준 충격과 분노가 너무 커서 특정 강력범의 신원을 공개하는 법이 만들어졌을 정도였다. 2009년에 범인 강호순이 체포되었는데 그 과정에서 절대적인 역할을 한 것이 바로 과학 수사였다.

강호순은 2005년 장모의 집에 불을 질러 장모와 부인을 살해한 후 2006년부터 여자들에 대한 살인 충동을 느끼며 연쇄 살인을 저질렀다. 2006년부터 연쇄 살인 사건이 일어났지만 경찰에서는 범인의 윤곽조차 잡지 못했고, 결국 공개 수사로 전환했다. 하지만 강호순을 체포할 수 있었던 것은 뜻밖의 단서 덕분이었다. 용의주도했던 강호순은 살인을 저지르고 증거를 남기지 않기 위해 피해자의 손톱을 깎고,

자신의 차량을 불태우는 등 치밀하게 행동
했다. 하지만 결국 트럭에 남아 있던 피해
자의 머리카락과 작업복에 남아 있던 극미
량의 혈흔에서 피해자의 DNA를 얻었다.
이를 토대로 수사관의 추궁이 이어지자 범
행을 자백했다. 경기도 서남부 연쇄 살인마
강호순을 검거한 것이 이 드라마에서도 소

OJ 심슨

재로 등장한다. 물론 드라마 속 내용들은 실제 사건과는 관련이 없다.
미궁에 빠질 뻔한 '강호순 사건'을 해결한 것처럼 드라마에서도 과학
수사의 힘으로 사건을 해결해 나간다.

수사와 재판에서 과학 수사와 함께 원칙을 지키는 것이 얼마나 중
요한지를 잘 보여주는 일이 'O.J. 심슨의 살인사건'이다. 미식축구 스
타이자 영화배우였던 심슨은 1994년 전처였던 니콜 브라운 심슨과
그녀의 친구 론 골드만을 살인한 혐의로 체포되었다. 체포 과정에서
심슨은 자신의 머리에 총을 겨누는 등 불안정한 모습을 보였다. 결국
그는 도주하다가 체포되어 구속되었다.

살인 동기나 현장에 남은 증거로 볼 때 심슨이 범인일 가능성이 컸
지만 놀랍게도 심슨의 드림팀(화려한 변호인단)은 무죄 평결을 받아 냈
다. 니콜의 가족들은 민사 재판을 제기했고, 심슨은 형사 재판에서 무
죄 평결을 받았지만 민사 재판으로 3,350만 달러를 배상해야 했다.

민사 재판의 결과가 다른 이유는 형사 재판의 경우 합리적인 의심

이 들지 않는 확신(쉽게 말하면 확실해야 한다는 것)이 있어야 하지만 민사 재판은 정황상 유리한 쪽으로 판결할 수 있기 때문이다. 이처럼 범인일 가능성이 컸던 심슨이 무죄 평결을 받을 수 있었던 것은 크게 두 가지 이유 때문이었다. 하나는 배심원단이 유색 인종이 많다는 것이다. 당시 심슨 재판은 미국 사회에서 인종차별 문제와 엮여 있었고, 흑인들은 백인과 반대로 심슨을 무죄라고 믿는 사람이 훨씬 많았다. 이런 상황에서 배심원단이 무죄 평결을 내릴 수 있도록 만든 것은 경찰이 증거물을 훼손했기 때문이었다. 현장에 출동한 경찰이 범행 현장의 담요로 니콜과 론의 사체를 덮은 채로 방치하여 현장을 훼손하고, 증거물을 자동차 트렁크에 내버려 두어 증거물의 연계보관성(Chain of Custody)을 망가뜨린 것이다. 연계보관성이란 범행 현장에서 발견된 증거가 법원에 제출될 때까지 훼손 없이 일관성 있게 보관되었음을 입증하는 일이다. 연계보관성이 깨지면 당연히 증거로 채택되지 않는다. 정황상 심슨이 범인이라는 것이 거의 확실했지만 과학수사의 부재로 무죄 판결이 내려졌던 것이다.

드라마 속에서도 경찰들이 장기 미제 사건팀에 발령 나는 것을 싫어하는 건 시간이 오래 지나 현장의 증거가 잘 보존되어 있지 않아 수사가 어려워서다. 하지만 어렵다고 포기할 수는 없다. 아무리 어렵고 힘들어도 진실을 밝혀 죽은 사람의 억울함을 풀어 주는 것이 우리가 해야 할 일이기 때문이다.

혈액을 원심분리기로 분리하면 액체 성분인 혈장(plasma)과 고체 성분인 혈구 (blood corpuscle)로 나뉩니다. 혈장은 대부분 물이며, 그 속에 약간의 단백질과 아미노산, 포도당, 무기 염류와 같은 영양소와 이산화탄소와 같은 노폐물이 들어 있습니다. 혈장은 영양소와 노폐물뿐만 아니라 열을 수송하는 역할도 합니다. 혈액 순환이 되지 않으면 손발이 차다고 말하는 것도 혈액이 열을 수송하는 역할을 하기 때문입니다. 혈구 성분에는 백혈구와 적혈구, 혈소판이 있습니다. 혈액 속에 가장 많이 든 것은 적혈구이며 혈소판과 백혈구 순으로 들어 있습니다. 산소와 이산화탄소는 적혈구가 운반합니다. 적혈구는 일반적으로 남자가 여자보다 더 많고, 고산 지대에 사는 사람들이 더 많이 가지고 있습니다. 백혈구는 외부 세포를 파괴하는 작용을 하는데, 때때로 자기 자신을 공격하는 '자가 면역 현상'도 일으킵니다. 이는 외부의 침입자를 공격해야 할 백혈구가 어떤 원인에 의해 자기 세포 즉 아군을 공격하는 현상입니다. 또한 과민 반응인 알레르기 현상도 백혈구에 의한 것입니다. 혈소판은 일종의 세포 조각인데, 혈액 응고 작용으로 구멍 난 혈관을 수리하는 역할을 합니다.

과학, 가면 속 인간의 심리를 보다

군주-가면의 주인

주인공 세자는 물을 소유하고 지배하는 세력과 전쟁을 벌인다.

이 '물의 전쟁'으로 시청자들에게 질문을 던지고자 한다.

지금 당신에게 최고의 가치는 무엇입니까?

그리고 돈이 최고의 가치가 되면 어떻게 되는지,

이를 사랑으로 흘려보내지 않고 움켜쥐려고만 하면 어떻게 되는지

지켜본 시청자들에게 말하고 싶다.

절대 돈의 가치로 다뤄져서는 안 되는 것들이 있다고…

결국은 사랑이다!

<군주-가면의 주인>의 홈페이지 중

드라마 속 편수회는

조선 이전부터 있어 온, 건축 기술 책임자들의 비밀 결사 조직이다. 마치 중세 유럽의 석공 기술자 조합인 프리메이슨(Freemason)을 떠올리게 하는 조직이다. 프리메이슨과 마찬가지로 편수회는 도편수라는 건축토목 기술 책임자들의 모임이다. 편수회가 조선왕조 건립을 계기로 강력한 막후 세력으로 성장한 배경에는 짐꽃에서 추출한 독으로 만든 짐꽃탄이 있다. 편수회에 가입하려는 사람들은 짐꽃탄을 먹어야 하는데, 이것을 먹으면 짐꽃탄에 중독되어 먹지 않을 수 없게 된다. 그 결과 편수회의 꼭두각시가 될 수밖에 없다.

세자 이선(유승호 분)의 아버지 금녕대군(김명수 분)이 왕이 될 수 있었던 것은 약을 먹고 편수회에 가입한 덕분이다. 하지만 아들을 얻자 왕은 생각이 달라진다. 갓 태어난 아기를 자신과 같은 허수아비 임금이 아니라 진정한 조선의 군주가 될 수 있도록 해주고 싶어한다. 그러나 대궐의 모든 곳에 눈과 귀가 있는 편수회가 임금의 생각을 모를 리 없다. 임금의 의도를 알아챈 편수회는 왕자를 중독시키고 자신들의 뜻대로 조선의 물을 모두 소유하려 한다. 편수회가 왕자를 볼모로 자신들의 마음대로 하려 하자 왕은 그들에게서 왕자를 지키려고 가면을 씌운다. 왕자를 살리기 위해 왕자의 얼굴을 아무도 볼 수 없게 가면을 씌운 것이다. 왕은 독의 후유증으로 인해 왕자의 얼굴이 문드러져 가면을 씌웠다고 소문을 낸다. 그리고 비밀을 지키기 위해 누구든 왕자의 얼굴을 보면 죽이라고 한다. 14년 후 장성한 왕자는 자신이 가면을 써야 하는 이유에 대해 왕에게 묻지만 대답을 듣지 못한다. 왕자는 자신이 가면을 써야 하는 이유가 편수회와 관련되어 있음을 알고, 그들에게 맞서 조선을 지키려고 한다.

가면을 쓰면 우리는 다른 사람이 된다

드라마 〈군주―가면의 주인〉은 마크 트웨인의 소설 『왕자와 거지(1882)』의 조선 버전이다. 『왕자와 거지』에서 외모가 닮은 왕자와 거지는 옷을 바꿔 입고 서로의 삶을 경험한다. 〈군주〉에서는 두 사람

마크 트웨인

모두 가면 쓰는 것을 원치 않았지만 가면에 의해 신분이 바뀐다. 가면을 쓴 가짜는 서서히 왕 노릇에 취해 가고 급기야 자신의 욕심을 채우기 위해 세자에게 왕좌를 돌려주지 않으려 계략을 꾸민다. 가면을 쓴 가짜가 원래의 자신을 잃어가는 동안 가면을 벗어던진 진짜 왕자는 더욱 성

숙하고 강한 군주로 거듭난다. 그런데 드라마에서처럼 탈춤이나 연극에서 소품으로 활용되는 가면이 사람의 행동을 바꿀 수 있을까?

『왕자와 거지』 초판

2016년 〈복면가왕〉에 등장한 '우리 동네 음악대장(이하 음악대장)'의 열정적인 무대를 본 사람은 그 감동을 쉽사리 잊지 못할 것이다. 꼬마병정 같은 복장에 귀여운 가면을 쓴 음악대장은 폭발적인 가창력으로 시청자를 완전히 사로잡았다. 나중에 밝혀진 음악대장의 정체는 국카스텐의 보컬 하현우였다. 그는 음악대장 가면을 쓰고 과거에는 보이지 않았던 다양한 무대를 선보였다. 이전에도 이미 뛰어난 가창력의 소유자로 알려졌지만 음악대장 하현우는 달랐다. 하현우는 가면으로 정체를 숨김으로써 인디 밴드라는 틀에서 벗어나 마치 진짜 대중음악계의 대장이라도 된 듯한 무대를 펼쳤다. 마찬가지로 〈복면가왕〉의 출연자들은 가면을 써서 그동안 시청자들에게 각인된 이미지에서 자유로워졌다. 개그맨이나 연기자, 아나운서가 아닌 가수라는 새로운 모습을 보일 기회를 얻은 것이다. 단순히 가면을 썼을 뿐인데 가면을 쓰지 않았을 때는 못했던 행동을 할 수 있었다.

〈복면가왕〉에서 가면은 노래하는 사람의 정체를 숨길 뿐 아니라 가면을 쓴 사람에게 새로운 자아를 부여하기도 한다. 이러한 사실은 가면의 어원을 봐도 알 수 있다. 가면을 뜻하는 'mask'는 검은색 가루나 화장을 의미하는 라틴어 'masca'에서 온 말로, 검은 칠을 해서 얼굴을 가린다는 의미다. 여성들의 눈썹 화장품인 마스카라의 어원도 같다. 서양과 달리 한자어 '假面'은 '거짓으로 꾸민 가짜 얼굴'이다. 동서양의 가면에 대한 어원이 조금 다르지만 어차피 본래의 모습을 숨기고 다른 행동을 한다는 의미로는 같은 셈이다.

노인의 가면을 쓰고 노인 역할을 한다고 해서 그 사람이 진짜로 노인은 아니다. 그러니 가면은 일종의 가짜 얼굴인 셈이다. 원래 고대 그리스에서 가면을 뜻하는 단어인 '페르소나(persona)'가 오늘날 '인격'이나 '인격체'를 뜻하는 'person'의 어원인 것은 가면이 일종의 '외적 인격'을 나타내기 때문이다. 즉 가면은 단순히 가짜 얼굴이 아니라 가면을 쓰는 순간 또 다른 인격을 지니게 되는 것을 흔히 볼 수 있다.

영화 〈마스크(The Mask, 1994)〉에서 스탠리(짐 캐리 분)는 평범한 은행원이다. 어느 날 그는 고대 마스크를 주워서 쓴다. 그러고 나서 그는 원하는 것은 무엇이든 할 수 있는 능력을 가진 '마스크 맨'이 된

영화 〈마스크〉의 한 장면. 마스크를 쓰는 주인공

다. 마스크를 쓴 스탠리는 평소와는 전혀 다른 인격으로 변한다. 소심한 회사원이던 그가 도시 악당들을 물리치고 사랑을 쟁취해낸 것은 마스크 덕분이다. 마스

크를 쓰고 악당들을 물리치는 영화들 중 원조로 꼽히는 작품이 바로 알랭 들롱 주연의 〈조로(Zorro, 1975)〉다. 이 영화의 주인공 디에고는 나약한 이미지의 청년이다. 그런 그가 마스크를 쓰고 정체를 감춘 뒤 힘없고 약한 시민들을 위해 싸운다. 드라마 〈각시탈(2012)〉의 스토리도 이와 비슷하다. 마스크를 쓰면 평소에는 전혀 상상도 못할 인물로 변신하는 것이다.

〈군주〉에서 가면은 군주임을 상징(세자의 본 얼굴을 가리기 위해 태어나자마자 가면을 씌웠으므로)하면서 한편으로는 가면의 주인이 군주가 아님(세자가 가짜를 내세워 자신의 대역을 시켰으므로)을 나타내는 이중성을 지닌다. 가면의 주인이 진정한 군주라면 가면을 쓸 이유가 없기 때문이다. 결국 가짜는 가면을 벗어던지면서 자신의 정체가 밝혀지고, 가면 뒤에 숨어서 철없고 나약했던 세자 또한 가면을 벗으면서 백성을 위하는 강한 군주가 된다.

이 드라마에서는 진짜 가면을 썼지만, 사실 통치자들 대부분은 보이지 않는 가면을 쓴다. 자신의 속내를 드러내지 않도록 표정을 감추는 것이다. 생각을 읽을 수 없는 얼굴을 두고 흔히 '포커페이스'라고 하는데 이는 포커 게임을 할 때 상대방에게 자신의 패를 읽히지 않도록 표정 관리를 하는 데서 나온 말이다. 사람은 상대방의 얼굴을 통해 감정을 읽어 낸다. 그런데 무표정한 얼굴에서는 감정 상태를 알기 어렵다. 통치자들은 자신의 전략을 드러내지 않기 위해 속내를 감추는 표정을 짓는 것이다. 또한 자신보다 서열이 높은 사람의 감정을 알 수 없으니 아래 사람은 더욱 긴장할 수밖에 없고, 매사 조심하게 될 것이다.

가면을 벗고 얼굴에 책임지기

"교언영색, 선의인(巧言令色 鮮矣仁)."

_『論語(논어)』學而篇(학이편)

공자는 '교언영색(말과 얼굴 표정을 남이 듣기 좋도록 교묘하게 꾸밈) 하는 사람 중에 인(仁)을 가진 이가 드물다'고 했다. 이와 마찬가지로 '가면을 쓴다'는 말은 흔히 자신의 신분을 속인다는 부정적인 의미로 쓰인다. 하지만 사람들은 대체로 자신의 내면이나 정체를 드러내는 것에 익숙지 않다. 사람뿐 아니라 대부분의 생물은 원래 자신을 잘 드러내지 않는다. 자신을 드러내는 생물은 대부분 독을 지닌다. 포식자는 포식자 나름대로 피식자는 피식자 나름대로 생존을 위해 자신을 드러내지 않는다. 자신을 드러내면 득보다는 손해를 더 많이 보기 때문이다. 심지어 카멜레온과 같은 동물은 자신을 주변 환경과 일치시켜 감추는 놀라운 기술을 지닌다.

사람들의 이러한 특성은 사이버 공간상에서 특히 잘 드러난다. '이름을 숨긴다'는 의미를 지닌 익명성(anonymity)은 인터넷 상에서 가면을 쓴 것처럼 자신을 숨기는 행위다. 나이나 성별 등 자신의 정체를 숨기는 익명성은 단순히 신분을 노출하지 않는 것 이상의 의미를 지닌다. 익명성은 남을 속이는 것으로 악용될 수도 있지만 신분 노출의 자유를 허용해 개인의 신분을 보호하는 역할도 하기 때문이다. 신분 노출의 자유는 자신을 드러내고 싶지 않을 때 숨길 수 있는 자유를 말한다.

2008년에 일어난 '미네르바 사건'은 익명성이 표현의 자유를 보장하는 데 중요하다는 것을 보여 줬다. 무직의 경제 비전문가인 박대성이 미네르바라는 닉네임으로 전문가 행세를 할 수 있었던 것은 익명성 덕분이다. 미네르바가 가짜 전문가였다는 단순한 사실만 보면 검찰에서 주장하는 바와 같이 허위 사실을 유포해 공익에 반하는 죄를 지은 것처럼 보인다. 하지만 헌재의 판단은 달랐다.

헌재는 '표현의 자유'라는 건 그것이 진실이건 거짓이건 개인이 자기 생각을 자유롭게 밝힐 수 있어야 한다고 해석했다. 즉 진실만 말할 수 있다면 그것은 더 이상 표현의 자유가 아니라 '진실의 자유'라는 것이다. 만일 진실만 말해야 한다면 자신의 생각을 쉽게 표현하기 어렵다. 팩트(fact)에 자기 생각을 첨가해 얼마든지 새로운 이야기를 말할 수 있어야 진정한 자유다. 따라서 인터넷에서 익명성은 표현의 자유를 지키기 위해 반드시 필요하다고 주장하는 것이다.

반면 자신의 진실을 주장하기 위해 얼굴을 드러내는 일도 있다. 자신의 얼굴(이름)을 걸고 농산물을 출하하는 경우다. 자기 얼굴을 걸고 정직하게 농사를 지었음을 믿어 달라는 것이다. 그만큼 얼굴은 중요한 의미를 가지고 있다.

우리는 흔히 중요한 건 '얼굴이 아니라 마음'이라고 하지만 그 사람의 마음을 어떻게 알 수 있다는 말인가? 마음을 볼 수 없으니 볼 수 있는 얼굴이 그 사람을 판단하는 데 중요한 요소가 되는 것은 어찌 보면 당연하다.

최근 들어 사회적으로 큰 파장을 일으킨 범죄자에 대해서는 얼굴을 공개한다. 얼굴이 공개되면 사람들은 '역시 나쁜 놈처럼 생겼네.'라는 반응을 보이거나 '착하게 생겼는데 어떻게 저런 일을 저질렀지?'와 같은 반응을 보인다. '선한 얼굴을 하고 어떻게 그런 일을 했을까?'라는 말은 '선한 얼굴을 가진 사람은 선하다'는 통념을 나타낸다.

단지 얼굴만 달라졌을 뿐인데도 행동이 변하기도 한다. 이에 대한 흥미로운 실험이 있다. 1960년대 캐나다와 미국의 교도소에서 출소 전 범죄자를 선한 얼굴로 성형 수술을 한 후 내보낸 실험을 했다. 결과는 어떻게 되었을까? 놀랍게도 성형 수술을 한 이들은 다시 죄를 짓고 교도소로 돌아오는 비율이 그렇지 않은 이들보다 낮았다. 이것은 사람의 얼굴, 인상에 대한 기대가 그 사람의 행동에 영향을 준다는 것을 보여 준다. 링컨은 "40세가 넘으면 자신의 얼굴에 책임을 져야 한다"는 말과 함께 인상이 좋지 않은 사람을 중용하지 않았다는 일화가 있다. 즉 한 개인의 생활방식은 오롯이 그 사람의 얼굴에 기록을 남기고, 그 결과 얼굴도 변하게 된다는 이야기다.

한편 다른 영장류와 달리 인간의 얼굴은 섬세한 감정 표현이 가능해 많은 정보를 주고받을 수 있다. 그래서 태어난 지 얼마 되지 않은 아기들조차 얼굴에 관심을 보이는 것이다. 복면이나 가면으로 얼굴을 가리거나 무표정한 얼굴을 한 사람이 두려운 이유는 그의 마음을 알 수 없기 때문이다.

하지만 현대 사회에서 사람들은 속내를 드러내는 것을 두려워해 하루에도 수없이 많은 가짜 얼굴을 하고 살아간다. 그리고 계속 가짜 얼굴로 살다 보면 어느 날 정체성의 혼란을 겪는 가면 현상(imposter phenomenon)에 빠지기도 한다. 가면 현상은 누가 봐도 성공한 변호사나 의사와 같이 유명한 사람이 되었지만 그것이 자신의 본 모습이 아니라고 여기고 불행하게 생각하는 것이다. 의사로 성공했지만 배우가 꿈이었던 사람이라면 그 의사는 과연 행복할까? 만일 불행하다면 이 사람은 의사라는 직업을 팽개치고 꿈을 찾아 배우의 길로 가는 것이 옳은 선택일까? 사람들이 스스로 불행하다고 여기는 이유 중 하나는 자신이 원하는 삶을 살지 못하고 가면을 쓴 채로 살아야 하기 때문인지도 모른다. 가면 현상은 다양한 가짜 얼굴 속에서 자신이 원하는 진짜 얼굴을 찾는 것이 얼마나 중요한지를 역설적으로 보여 준다.

산업혁명을 이끌었던 물,
　물과 권력은 연결되어 있다?

극 중 편수회는 막강한 권력을 쌓고 부를 축적하기 위해 물의 통제권을 가지려 한다. 조선의 우물을 모두 편수회가 세운 양수청이 관리

양수청이 응당 백성들의 것인 물로 백성들을 착취하고 있습니다.

한다. 조선은 별도의 상수도 시설이 없었기 때문에 집이나 마을의 공동 우물에서 물을 길어다 썼다. 양수청의 물지게꾼들은 저렴한 가격에 물을 집으로 배달해 준다. 물을 사서 써야 한다는 생각이 처음에는 이상했지만 싼 가격에 물을 배달해 주는 데 길들여진 사람들은 아무런 거리낌 없이 양수청의 물을 가져다 사용했다. 결국 양수청이 모든 물의 통제권을 가지게 된다. 때마침 찾아온 가뭄으로 물값이 오르면서 양수청은 엄청난 이문을 얻는다. 그리고 그 재물은 모두 편수회로 들어갔다.

사실 물은 드라마 배경인 조선뿐만 아니라 역사적으로 세계의 문명을 좌우하는 가장 중요한 물질이었다. 인류의 문화는 농경 사회가 형성되어 정착 생활을 하면서 발달하기 시작한다. 농사를 짓기 위해서는 물이 필요했기 때문에 마을은 물가에 생겨났다. 그래서 세계 4대 문명은 모두 물을 쉽게 얻을 수 있는 강가에 형성되었다. 농토가 넓어지면서 단순히 물가에 있는 것이 아니라 물을 관리해서 농사를 짓는 관개농법이 등장했다. 관개농법은 토지 양을 늘려 주고 안정적으로 농사를 지을 수 있는 기술이었다.

편수회는 물을 관리해 부와 권력을 손에 넣었는데 역사를 보면 실제로도 그러했다. 고대 도시에서 권력층은 물 관리를 통해 권력을 손에 쥐었고, 그 결과 계급이 만들어졌다. 또한 도시가 성장하고 농업이 활성화되려면 물이 충분히 공급되어야 한다.

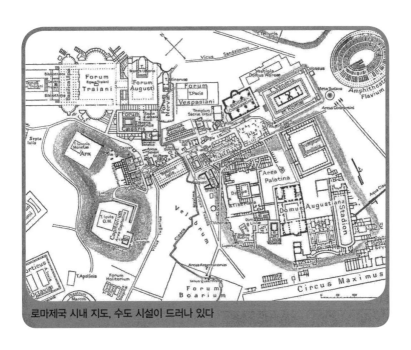

로마제국 시내 지도, 수도 시설이 드러나 있다

고대 로마가 대도시로 성장할 수 있었던 것도 도심까지 물이 공급될 수 있는 수로 시설이 있었기 때문이다. 물은 모든 생물에게 필요한 물질이므로 도시가 성장하려면 상수도 시설이 반드시 있어야 한다. 우리나라도 마을은 모두 물가에 자리했고, 도시가 되기 위해서는 마을 곳곳에 우물을 파서 물을 가까이서 얻을 수 있어야 했다.

　물은 농경 사회에서만 절대적인 지위를 차지했던 것은 아니다. 1차 산업혁명을 이끈 증기 기관은 물이 상태변화 할 때 부피가 변하는 것을 이용한 기계 장치였다. 산업혁명에서 증기 기관이 대체하려고 했던 것도 물을 이용한 물레방아였다. 산업혁명 직전의 공장들이 강가를 따라 즐비하게 건설된 이유는 물레방아를 이용해 수력을 얻기 위

인간에게 물은 힘의 원천이었다

해서였다. 물론 배로 생산품과 원료를 수송하는 것이 비용이 저렴하다는 이유도 있었다.

2차 산업혁명을 주도한 전기도 거대한 댐을 이용한 수력 발전에서 생산되었다. 발전기를 돌릴 수 있는 효율적인 에너지는 댐에 담긴 물의 위치에너지였다. 산업이 발달하여 수력 발전만으로 전기를 충당하기가 어려워지자 이후 화력 발전과 원자력 발전이 등장했다. 그렇지만 화력 발전과 원자력 발전에도 물이 필요하기는 마찬가지였다. 에너지를 얻는 방식이 화력과 원자력일 뿐 기본적으로 물이 있어야 증기 터빈을 돌릴 수 있다. 그래서 화력 발전소와 원자력 발전소도 물을 얻기 쉬운 강이나 바닷가에 건설된다. 그리고 컨테이너선과 같이 배는 여전히 물건을 실어 나르는 데 가장 효율적인 운반 수단이다.

물이 항상 축복만 내려 준 것은 아니다. 산업혁명으로 인해 도시가 성장하면서 갖가지 전염병도 창궐했다. 위생이라는 개념이 없던 근대 이전에는 대도시가 생기면서 강이 몸살을 앓기 시작했다. 최초로 산업혁명이 시작된 영국은 템스 강에서 악취가 날 정도로 수질이 매우 나빴다. 여름이 되면 콜레라와 같은 수인성 전염병으로 수많은 사람들이 목숨을 잃었다. 그로 인해 상수도에 이어 하수도의 필요성이 대두되었다. 이후 깨끗한 물이 공급되자 전염병은 점차 사라졌다. 그러나 지금도 아프리카와 동남아시아에서는 깨끗한 물을 얻는 것이 생존과 직결된다.

언제든 물을 풍부하게 사용할 수 있는 선진국과 물이 부족해 생존의 위협을 받는 나라가 공존하는 세상이 현재의 지구다. 지구상에는 엄청난 양의 물이 있다. 하지만 사람들이 이용할 수 있는 담수의 양은 기껏 해야 전체 물 중 2.5% 정도밖에 안 된다. 이것이 땅보다 물이 많은 지구의 역설적인 상황이다. 단지 아껴 쓰는 것만으로는 물 수요량을 충당할 수 없어 최근에는 해수담수화 사업이 많은 주목을 끌고 있다. 이처럼 과거는 물론 미래에도 물이 생명의 근본이라는 사실에는 변함없다.

농사를 지을 때 물이 필요한 까닭은 식물에게 다양한 작용을 하기 때문입니다. 식물은 뿌리에서 물을 흡수할 때 무기 양분을 같이 흡수합니다. 무기 양분은 물에 녹은 형태로 물과 함께 뿌리에 흡수됩니다. 뿌리에 흡수된 물과 무기 양분은 물관을 따라 잎으로 올라갑니다. 잎으로 올라간 물은 이산화탄소와 광합성을 하면서 유기 양분으로 합성됩니다. 식물이 생활에 필요한 에너지인 유기 양분은 바로 광합성을 통해 얻게 됩니다.

흡수한 무기 양분은 식물이 자라는 데 필요합니다. 식물도 세포로 이루어져 있는데 세포를 구성하는 성분에 질소나 인, 칼륨, 마그네슘, 철과 같은 무기 양분이 필요합니다. 농사를 지을 때 무기질 비료를 뿌리는 건 무기 양분을 충분하게 공급하기 위해서입니다. 따라서 식물이 물을 먹고 자란다는 것은 정확하지 않은 말입니다. 식물 생장에 꼭 필요한 무기 양분을 필수 10원소라고 하는데 탄소, 수소, 산소, 질소, 인, 황, 칼륨, 칼슘, 마그네슘, 철입니다. 이중 하나라도 부족하면 식물은 결핍증이 나타나 잘 자라지 못합니다. 물론 탄소를 제외하면 이 모든 것을 흡수하는 데 꼭 필요한 것이 물이니 물이 없으면 살 수 없는 것입니다.

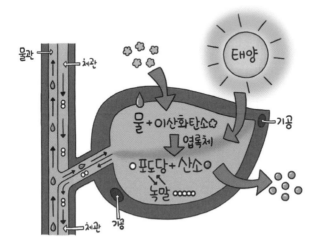

식물의 광합성 과정

과학으로
예지몽의 비밀을
풀어내다

당신이 잠든 사이에

세상의 모든 비극에는 후회의 순간이 존재한다.

그 순간을 미리 꿈꾸는 사람이 있다면?

그 비극을 막을 수 있을까?

드라마 <당신이 잠든 사이에> 홈페이지 중

정재찬(이종석 분)은

한강지검 형사 3부에 발령받은 신임검사 즉 말석이다. 남홍주(배수지 분)는 휴가로 일시적인 백수가 된 기자다. 재찬은 어느 날 홍주가 자살하는 꿈을 꾼다. 너무나 리얼한 꿈을 꿔서 홍주에게 알려 주려 하지만 그녀는 믿지 않는다. 꿈에서 당신이 죽을 것을 미리 봤다고 이야기한들 누가 믿겠는가? 재찬도 자신의 꿈속에서 벌어진 일일 뿐이라고 생각한다. 그런데 이게 웬일인가? 자신의 꿈과 현실이 하나둘씩 일치하자 재찬은 자신의 꿈에서 본 일이 진짜로 일어날지 모른다고 여긴다. 결국 재찬은 자신의 꿈을 믿고 사람들의 목숨을 구하기 위해 고의로 교통사고를 낸다.

재찬의 사고 덕분에 교통사고로 죽을 운명이었던 우탁(정해인 분)은 목숨을 건진다. 그러나 이로 인해 함께 사고를 당한 이유범(이상엽 분)은 그저 황당해한다. 유범은 아직 일어나지도 않은 사건을 막기 위해 고의로 교통사를 낸 재찬을 이해할 수 없다. 유범은 재찬에게 미친놈이라며 재찬을 몰아붙인다. 이를 지켜보던 홍주는 재찬의 말을 믿으며 자신과 어머니를 구해 주어서 고맙다고 말한다. 홍주는 재찬과 함께 구급차를 타고 가는 도중 자신도 미래를 예견하는 꿈을 꾸기 때문에 재찬의 꿈을 믿는다고 밝힌다. 또한 재찬에게 자신은 꿈을 바꿔 본 적이 없는데, 재찬은 이것을 해내서 대단하다고 말한다. 이렇게 해서 홍주와 재찬 그리고 우탁은 꿈을 통해 연결되어 서로의 운명에 관여한다.

그렇다면 이 드라마도 〈시그널〉처럼 일종의 타임슬립 드라마일까? 엄밀하게 따지면 그렇지는 않다. 이 드라마 속 주인공들에게 사건은 오직 한 번만 일어난다. 나머지는 여러분이 미래라고 믿었을 뿐이지 모두 꿈속에서 벌어진 일들이다. 홍주가 미래를 내다본 것이지 미래를 살다 온 것은 아니기 때문이다. 마치 소설 『크리스마스 캐럴(A Christmas Carol, 1843)』의 스크루지가 꿈을 꾸고 나서 사람이 바뀐 것처럼.

그때 이 순간을 꿈으로 미리 봤어.

사고 방지의 책임을 물을 수 있을까?

후회… 그것은 잠에서 깨어난 기억이다.

_에밀리 디킨슨

홍주에게는 잊을 수 없는 과거가 있다. 버스 기사인 아버지가 죽는 꿈을 꿨는데 그걸 막지 못했기 때문이다. 어느 날 홍주의 아버지가 운전하는 버스에 탈영병이 탄다. 홍주는 탈영병으로 인한 위험을 알렸지만 아버지는 승객을 버리고 내릴 수 없다며 홍주만 버스에서 내리게 한다. 그리고 탈영병을 막는 과정에서 사고로 수류탄이 터져 아버지가 죽게 된다. 이후로도 홍주는 미래를 보는 꿈을 꾼다. 꿈이 그대로 현실에서 일어나지만 홍주가 어떻게 할 수는 없다. 미래를 알고 아무리 노력해도 그 미래를 바꿀 수 없게 되자 그냥 꿈속의 일에 대해 포기하는 것에 익숙해진 것이다.

그렇다고 홍주 마음이 편한 것은 아니다. 미래를 알지만 미래를 바꿀 수 없다는 죄책감에 항상 시달린다. 그런 이유로 재찬 역시 꿈을 믿고 홍주와 우탁을 구했지만 앞으로는 꿈을 믿지 않겠다고 이야기한다. 꿈속에서 일어날 일을 막지 못했다는 것에 대한 죄책감을 느끼지 않기 위해. 그렇다면 사고를 막지 못했다고 해서 홍주나 재찬이 마땅히 괴로워해야 하는 걸까?

화재 사고로 죽을 사람을 보고 말리려고 한 홍주의 예를 보자. 홍주는 운전자가 라이터로 담뱃불을 붙이는 순간 화재가 난 꿈을 꿨다. 그래서 운전자의 라이터를 뺏고 운전을 못하게 말리려 하지만 그 사람은 홍주를 미친 사람으로 취급하며 그냥 가버린다. 결국 그는 화재로 죽게 된다. 이 사건을 막지 못한 홍주는 안타까워하고 양심의 가책을 느낀다. 즉 도덕적인 책임을 지고 있는 듯이 보인다.

하지만 검사인 재찬은 다르다. 그는 "믿으면 구해야 되고 살려야 되니까. 그걸 못하면 다 내 책임이고 끝도 없이 자책해야 되고, 그걸 어떻게 감당해?"라고 홍주에게 말한다. 자신의 꿈을 믿게 될 경우,

〈착한 사마리아인 우화〉 1647년작

사건을 막지 못하면 자신의 책임이 될 것 같다는 재찬의 이야기와 관련된 것이 있다. 바로 '착한 사마리아인 법'이다.

착한 사마리아인 법은 성경에 나오는 착한 사마리아인에 대한 이야기에서 따온 법이다. 성경에는 강도를 당해 다친 유대인이 나온다. 쓰러진 유대인을 보고 제사장처럼 충분히 그를 도와줄 수 있는 사람은 외면한다. 하지만 유대인과 사이가 좋지 않았던 사마리아인만은 외면하지 않고 그를 도와준다. 이를 두고 예수는 사마리아인이 착한 이웃이라고 지칭한다.

'착한 사마리아인 법'은 사마리아인처럼 본인이 특별한 위험에 빠질 가능성이 없을 때는 위험에 처한 타인을 구조해야 한다는 것이다. 즉 도울 수 있으나 남을 돕지 않은 것을 도덕에 맡겨 두지 않고 법으로 강제하여 의무를 다하지 않았을 때 처벌하겠다는 것이 이 법의 골자다.

취지는 좋지만 이 법에 대해 모든 사람이 찬성하는 것은 아니다. 반대하는 사람들은 도덕을 어떻게 강제할 수 있냐고 주장한다. 돕건 말건 그것은 개인의 도덕적인 양심에 따라 자유롭게 선택할 문제이지 법이 나서서 강제하면 개인의 자유를 침해하

야코프 요르단스가 그린 〈착한 사마리아인〉

게 된다는 것이다.

개인의 적극적인 구호 의무를 골자로 하는 이 법은 현재 미국과 프랑스, 독일, 일본 등에서 시행하고 있다. 우리나라는 2008년 6월 '응급의료에 관한 법률(구호자 보호법)'이 개정되면서 착한 사마리아인 법이 일부 도입되었다. 구호자 보호법이 개정되기 전에는 좋은 의도로 도움을 주려고 했다가 잘못되면 오히려 모든 책임을 져야 했기 때문에 도움이 필요한 사람을 외면하게 되기도 했다.

하지만 2016년 8월 대전 택시 기사 사건이 일어나면서 이 법을 제정해야 한다는 주장이 커졌다. 당시 택시 기사가 심장마비를 일으켰지만 손님인 부부는 아무런 구호 조치도 하지 않고 택시에서 자신의 골프 가방을 꺼내서 현장을 떠나 버렸던 것이다. 119 신고와 같은 기본적인 구호 조치도 하지 않아 부부는 많은 비난을 받기는 했지만 법적으로는 아무런 처벌도 받지 않았다.

적극적인 구호 조치를 하지 않은 대표적인 사례가 방관자 효과(Genovese syndrome)로 유명한 키티 제노비스 사건이다. 1964년 3월 13일 금요일 새벽에 키티 제노비스(Kitty Genovese)는 일을 마치고 귀가하던 도중에 강도의 칼에 찔렸다. 제노비스는 칼에 찔려 비명을 지르며 도움을 요청했지만 아무도 나와서 도와주거나 경찰에 연락하지 않았다. 결국 35분 동안 공격을 받아 제노비스는 죽고, 범인은 현장에서 도망쳤다. 이 사건을 취재한 「뉴욕타임스」가 '살인을 목격한 38명은 경찰에 신고하지 않았다'는 제목으로 기사를 내면서 미국 사회가 발칵 뒤집어졌다. 어떻게 한 여인이 살해당하는 동안 아무도 도움을 주지 않을 수 있다는 것일까? 나중에 이 기사가 과장되었음이 밝혀졌지만 그렇다고 해서 방관자 효과가 사라지는 것은 아니다. 주위에 목격자가 많을수록 자신의 책임이 줄어든다고 여겨 남을 돕기를 주저하는 것이 '방관자 효과'다. 그래서 전문가들은 만일 도움이 필요하면 여러 목격자들 중 한 명을 지목해서 도와 달라고 하는 것이 좋다고 조언한다.

키티 제노비스 사건에서 피해자를 돕지 않았다는 이유로 누구도 처벌 받지는 않았다. 하지만 1997년 8월 31일에 일어난 영국 다이애나 비 사고 때는 달랐다. 프랑스 파리에서 다이애나 비를 태운 차가 파파라치를 피해 과속으로 달아나다 사고를 냈다. 구호 조치를 한 기자도 있었지만 그녀를 추적하던 파파라치들은 사고 현장을 목격하고서도 사진 찍기에만 급급했다. 결국 다이애나 비는 사망했고, 프랑스 당국은 파파라치 7명을 체포했다. 체포된 파파라치들에게는 비난이 쏟아졌고, 아직도 다이애나 비의 사고 사진을 공개하는 것은 금기시 되고 있다.

정말 미래의 사고를 알 수 없을까?

홍주나 재찬이 보는 꿈속의 일은 아직 일어나지 않은 일이다. 꿈을 근거로 범인을 잡는다면 범인(사실 아직 범죄를 저지르지 않았으니 범인이 아니다)은 아직 저지르지 않은 사건에 대해 책임을 지게 되는 셈이다. 어느 누구도 자신이 저지르지 않은 일에 대해 책임질 수는 없으니 미래의 범인들(미수자나 공모자를 의미하는 것이 아니다.)에게 책임을 묻기는 어렵다. 이러한 논의도 그들의 꿈이 100% 정확한 미래를 예보한다는 근거가 있을 때나 가능한 것이다. 그렇지만 현실에서는 꿈이 미래를 예견할 수 있다는 어떤 증거도 없으니 논의 자체가 불가능하다. 아무리 영화 〈마이너리티 리포트(Minority Report, 2002)〉와 같이 과학적으로 포장(첨단 기술을 동원한다 해도 미래를 예견하는 것은 어떤 형태가 되었건 비과학적이다)한다고 해도 말이다. 그렇다면 미래에 일어날 가능성이 있는 사고일 경우에는 어떻게 대처해야 할까?

현실에서도 미래에 일어날 사고를 막기 위해 우리는 많은 노력을 한다. 우리가 흔히 '인재(人災)'라고 부르는 사고는 미리 예방할 수 있는 사고를 의미한다. 태풍이나 지진과 같은 재난은 천재(天災)라고 한다. 아직까지는 인간의 능력으로 어쩔 수 없는 재난이기에 그렇다. 이와 달리 인재는 인간의 힘으로 충분히 막을 수 있는 사고다. 삼풍백화점과 성수대교 붕괴 사고, 세월호 침몰 사고와 같은 재난은 명백히 인재다. 이러한 대형 사고 말고도 우리 주변에는 충분히 막을 수 있었는데도 불구하고 일어난 사고들이 의외로 많다.

예를 들어, 대부분의 교통사고는 인재다. 고속도로를 달리다가 바닥에서 날아온 돌에 맞아서 사고가 나는 경우는? 갑자기 타이어가 터진 경우는 인재가 아니지 않느냐고 물을지도 모른다. 고속도로에서 날아오는 돌을 완전히 막을 수는 없다. 하지만 도로에 돌이 떨어진 것은 도로 순찰을 통해 수시로 확인하고, 돌이 날아올 것을 대비해 앞차와 거리를 충분히 두고 운전하면 사고 가능성을 크게 줄일 수 있다. 운전하기 전에 타이어를 점검한다면 타이어가 터지는 일도 거의 없다. 설령 못에 찔려서 타이어에 구멍이 나더라도 서서히 바람이 빠질 뿐이다. 타이어가 터지는 것은 대부분 고속 주행을 지속해서 타이어에 정상파(standing wave)(파동이 중첩되어 제자리에서 진동하는 듯이 보이는 파동)가 생기거나 매우 큰 충격을 받는 것과 같은 특별한 상황에서 발생한다. 물론 정상파도 고속 주행을 장시간 하지 않는다면 막을 수 있으니 예측할 수 없는 사고는 극히 일부에 지나지 않는다.

도로에서 일어나는 사람과 차량 사이의 사고에 대해 대부분 운전자에게 책임을 묻는 경우도 이와 같은 맥락이다. 미리 예방할 수 있는 인재라는 것이다. 물론 달리는 자동차 앞으로 갑자기 무단 횡단을 하는 보행자가 나타났을 때 이를 피하기는 매우 어렵다. 분명 보행자의 잘못이 크고 운전자에게는 억울한 측면이 있겠지만 도로에서 법은 약자의 편이다. 따라서 운전자가 예측할 수 없는 상황이었다는 것을 입증하지 못하면 책임을 면하기 어렵다. 즉 보행자를 인식하고 운전대를 조작해 피할 수 있는 시간보다 짧은 거리에서 갑자기 보행자가 나타나는 상황이 아니라면 운전자는 면책 받지 못한다.

2018년 3월 미국의 우버(자동차 배차 서비스 업체)에서 볼보의 자율주행차 시험 운행 도중에 도로를 무단 횡단하던 사람이 치여 사망하는 사고가 발생했다. 이 사고로 인해 자율주행차의 안전성을 우려하는 목소리가 높았다. 하지만 인터넷에 공개된 영상을 보면 사람이 운전했더라도 사고를 막기는 힘든 상황이었다. 가로등이 없는 인적이 드문 도로였고, 어두운 색 옷을 입은 사람이 갑자기 등장할 것이라고 생각하기 힘든 상황이었기 때문이다. 이 사고에 대한 책임 소재를 명확하게 가리는 조사를 진행하겠지만 결론이 어떻게 나든 자율주행차의 안전성을 높이는 방향으로 사업이 추진되어야 할 것이다. 이로 인해 자율주행차 사업 자체를 포기해서는 안 된다는 이야기다. 대부분의 사고는 인공지능 자동차가 아닌 사람이 낸다는 점을 염두에 둘 필요가 있다. 자율주행 차량 사고 몇 건으로 인해 자율주행차의 운행 자체를 금지하는 것이 과연 올바른 선택인지 말이다.

꿈의 과학, 예지몽에 담긴 신비를 풀어내다

사람은 하루에 맞춰 생활하는 일주기 리듬에 따라 잠을 잔다. 심지어 박테리아와 같은 미생물도 일주기 리듬을 지니는 걸 보면 잠은 아주 오래 전에 생겨난 것 같다. 인간을 비롯한 척추동물은 잠을 자며 일부 무척추동물도 잠과 유사한 상태를 보인다. 일생을 놓고 보면 생애 1/3을 잠이 차지하지만 잠이 인간에게 왜 필요한지 정확하게 밝혀진 바는 없다. 수면박탈 쥐 실험(쥐가 잠을 자지 못하도록 만든 실험)을 통해 잠을 자지 않는다면 죽을 수 있다는 사실은 밝혀냈지만 그것이 '잠이 왜 필요한가?'에 대한 답은 아니다. 단지 잠이 생존에 필요한 것임을 증명했을 뿐이다. 사실 수면박탈이 죽음의 직접적인 원인인지도 명확하지 않다.

잠은 깨어 있는 동안 생긴 세포 손상을 복구하며, 불필요한 에너지 손실을 줄이는 역할을 한다. 잠의 역할은 이것이 전부가 아니다. 아무리 푹 쉬어도 잠을 자지 않는다면 건강을 유지할 수 없다. 그렇다면 잠을 자는 동안 우리 몸에서 일어나는 일 중 가장 중요한 것은 무엇일까? 바로 꿈을 꾼다는 것이다. 당신이 잠든 사이에 일어나는 일 중 가장 중요한 것은 바로 꿈꾸는 것이다.

인간은 수면 시간 중 1/4 정도를 꿈꾸고, 매일 밤 수십 가지 이상 꿈을 꾼다. 이렇듯 먹는 시간보다 꿈꾸는 시간이 더 길지만 꿈에 대한 연구를 시작한 것은 얼마 되지 않았다. 전통적으로 꿈은 종교나 예술과 관련이 있다고 여겼고, 자고 있는 사람을 대상으로 연구하기가 쉽지 않기 때문이다.

20세기 초 정신의학자 프로이트가 꿈에 대한 신비주의적 해석을 버리고『꿈의 해석(Die Traumdeutung, 1900)』을 통해 꿈의 기능을 해석하려고 시도한 이후 100여 년이 지났지만 아직도 과학자들은 인간이 왜 꿈을 꾸는지 정확한 이유를 알지 못한다. 다만 뇌파 전이 기록 장치(EEG)나 MRI 등을 통해 피험자가 꿈을 꾸고 있는지, 뇌의 어떤 부위가 활성화되는지를 확인할 수 있을 뿐이다. 즉 이러한 장치를 통해 대부분의 꿈은 렘수면(REM, Rapid Eye Movement) 때 꾼다는 것을 알 수 있을 뿐 꿈의 내용을 확인할 수 있는 장치는 아직 없다.

프로이트　　　　　『꿈의 해석』 독일판

　램수면이라는 이름은 잠자는 사람의 눈을 관찰하면 빠르게 움직이는 특징을 보이기 때문에 붙인 이름이다. 램수면일 때의 뇌파를 살펴보면 깨어 있는 사람과 비슷하게 활발한 활동을 하고 있다는 것을 알 수 있다. 종종 팔다리를 움직이는 것과 같은 활동도 한다. 만일 꿈을 확인하고 싶으면 눈이 빨리 움직일 때 잠자는 사람을 깨워서 물어보면 그 사람이 꾼 꿈을 알 수 있다. 꿈꾸고 있을 때 깨우지 않고 정상적으로 잠에서 깨면 무슨 꿈을 꿨는지 전혀 기억하지 못한다. 홍주는 마치 동영상이 기록되듯 꿈을 생생하게 기억하지만 이는 드라마에서나 가능한 일이다. 꿈은 기억하지 못하는 것이 정상이다. 꿈 자체가 기억할 만한 정보가 아니기 때문에 잠에서 깨면 대부분 기억나지 않는다. 꿈에서 금방 깨어났을 때도 즉시 꿈을 기록해 두지 않으면 금방 잊어버린다.

　꿈은 퍼즐 조각처럼 뇌에 흩어져 있는 기억 조각들을 정리하는 과정이다. 단기 기억 저장소에서 기억할 가치가 있는 정보를 장기 기억으로 이동시키고, 그렇지 않은 기억은 단기 기억에서 삭제하는 과정에서 일어나는 현상이 바로 꿈이다. 이처럼 기억은 통째로 뇌의 특정 부위에 저장되는 것이 아니라 마치 퍼즐 조각처럼 부호화되어 나누어져 저장된다.

기억의 정리 과정에서 발생하는 꿈은 시공간적인 순서에 맞춰 활성화되지 않는다. 따라서 꿈은 사건의 순서가 뒤엉키거나 시공간 개념이 파괴되는 등 현실에서 일어날 수 없는 일이 벌어지는 것처럼 느껴진다. 뇌가 이러한 방식으로 꿈을 꾸고 기억하기 때문에 드라마에서처럼 사람들은 자신이 예지몽(豫知夢)을 꿨다고 믿는 것이다. 퍼즐 조각 중에는 이미 오래 전에 죽었던 사람이나 이야기로 들었던 귀신 등 다양한 영적인 존재가 나타나기도 한다. 이런 존재들이 꿈에 나타나면 우리는 미래를 암시하는 거라고 여기게 된다.

물론 단순히 영적인 꿈이 아니라 진짜 미래와 잘 들어맞는다고 느껴지는 꿈도 있다. 꿈은 기억나지 않는 것이 정상이지만 좋지 못한 꿈을 꾼 후 바로 깨면 어렴풋이 기억난다. 이러한 느낌을 가지고 생활하다 보면 비슷한 상황에 처했을 때 그것을 꿈에 연결시키는 확증편향(자신의 믿음이나 판단과 맞아떨어지는 정보에만 주목하는 사고방식)이 일어난다. 우리의 기억은 끊임없이 조작되고 바뀐다. 한 번도 가본 적이 없는 장소를 꿈속에서 봤다고 느끼는 것은 꿈속 장면과 유사한 장소를 꿈속에서 본 장소로 착각해서 생기는 현상이다.

어? 어제 꿈속에서 본 문제와 다르잖아?

나도 네가 꿈속에서 시험 치는 것을 보고 문제를 바꿨지…

이걸 예지했다고 할 수 있을까?

우리의 기억은 사실의 기록이 아니라 감정에 따라 쉽게 변형되고 왜곡되는 특성이 있다. 왜곡 변형된 기억을 진실이라고 확신할 뿐이다. 그리고 여기에 '아주 큰 수의 법칙'까지 작용하면 진실을 찾기란 요원해진다. 아주 큰 수의 법칙은 확률이 매우 낮은 일이라도 일어날 수 있는 일은 반드시 일어난다는 것이다. 1등 확률이 1/8,145,060로 매우 낮은 로또 당첨자가 생기는 것은 로또를 구입한 사람이 아주 많기 때문이다. 즉 매주 814만 장 이상 로또가 팔려 나가기 때문에 당첨자가 생긴다. 이와 같이 표본이 충분히 크면 도저히 일어날 수 없는 우연의 일치도 일어난다는 것이 아주 큰 수의 법칙이다.

홍주는 꿈에서 본 미래를 바꿀 수 없다고 여기다가 재찬이로 인해 미래를 바꿀 수 있다고 믿게 된다. 만일 드라마처럼 예지몽이 존재한다면 미래를 바꿀 수 있을까? 아쉽게도 미래에 대한 예언을 듣고 어떤 선택을 하든 당신은 미래를 바꿀 수 없다. 미래는 바꾸는 것이 아니라 선택하는 것이기 때문이다. 바꾸는 것이나 선택하는 것이나 미래가 변하게 되니 같은 것이라고 여길 수도 있지만 그렇지 않다. 미래를 바꾼다는 것은 직선적인 시간의 흐름 속에서 과거의 변화가 미래에 영향을 준다는 의미다. 하지만 아쉽게도(또는 다행스럽게도) 우주는 그러한 양태로 존재하지 않는다.

세상이 확률적이라는 양자역학에 의한 다중 우주의 관점을 따른다면 매 순간순간 우리의 선택에 따른 수많은 우주가 존재한다. 이 서로 다른 우주는 매 순간 선택에 따라 서로 다른 우주로 진행하도록 만든다. 그렇게 무수하게 다양한 우주 가운데 어떤 우주에는 잘못된 선택을 후회하는 당신이 있지만 어떤 우주에서는 옳은 선택으로 행복하게 사는 당신도 있다는 것이다. 어떤 우주에서는 잘못된 선택으로 인해 후회하는 당신이 존재해야 꿈을 통해 잘못 선택한 당신의 미래를 볼 수 있기 때문이다(물론 가능하지는 않다).

미래를 알더라도 아무것도 바꿀 수 없다는 것에 실망할 필요는 없다. 비록 만날 수는 없어도 어떤 우주에서는 최선의 선택으로 행복하게 사는 당신이 있을 것이라고 생각하고 사는 것이 최선이다. 해몽 따위에 연연해하는 것보다는 이렇게 생각하는 것이 훨씬 마음이 편할 테니까. 개꿈이든 용꿈이든 꿈은 꿈일 뿐이다.

사람은 감각 기관으로 받아들인 정보를 전달하고 처리한 다음 반응을 보입니다. 이렇게 정보를 전달하고 처리하는 역할은 신경계에서 합니다. 사람의 신경계는 중추 신경계와 말초 신경계로 구분합니다. 중추 신경계는 뇌와 척수로 되어 있고, 말초 신경계는 중추 신경계에서 뻗어 나와 온몸에 그물처럼 퍼져 있습니다. 뇌는 대뇌, 소뇌, 간뇌(사이뇌), 중간뇌, 연수로 구성됩니다. 종종 사람들은 우리가 뇌를 10%만 사용한다면서 뇌의 능력을 최대한 발휘할 수 있도록 해야 한다고 말합니다. 하지만 그 말은 과학적으로 완전히 엉터리입니다. 인간은 뇌를 100% 활용합니다. 뇌는 인체에서 차지하는 비중에 비해 에너지를 많이 소비하는 과소비 장기입니다. 그러한 뇌가 10%만 사용하고 나머지는 놀고먹는다는 것은 엄청나게 비효율적입니다. 비효율적인 생물이 살아남을 정도로 자연은 호락호락하지 않습니다. 뇌는 사용하기에 따라서 더 발달할 수 있다는 것이지 사용하지 않는 부분 같은 건 없습니다. 뇌의 각 부분은 생각하고 의식적인 행동을 하려면 서로 상호 작용을 하는데, 이때 하는 일이 없는 부분은 없습니다.

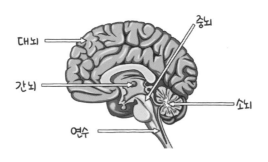

뇌의 구조와 기능

확률과 선택의 과학, 인간의 자유를 옭아매다

슬기로운 감빵생활

〈슬기로운 감빵생활〉은 하루아침에 교도소에 갇히게 된,
슈퍼스타 야구 선수 김제혁의 교도소 적응기이자,
최악의 환경에서 재기를 위해 노력하는 부활기이며,
교도소라는 또 다른 사회에서 살아가는 성장기이다.

〈슬기로운 감빵생활〉 홈페이지 중

'만약 당신이 어느 날 갑자기

교도소에 갇힌 범죄자가 되었다면?'

이 황당하기 그지없는 질문이 현실이 된다면 어떨까? 곧 메이저리그 진출을 앞둔 슈퍼스타 야구 선수 김제혁(박해수 분)은 자신이 감방에 갈 것이라고는 꿈에도 생각해 본 적이 없다. 국내 최고 마무리 투수로 매니저와 함께 국내외 구단들과 연봉 협상에만 관심이 있을 뿐이다. 그러던 어느 날 여동생의 집에 갔다가 동생을 성폭행하려는 범인을 발견하고 쫓아간다. 범인을 제압한다는 것이 흥분한 나머지 그만 범인을 죽게 만든다. 범인을 잡기 위한 행동이었기에 정당방위가 인정될 거라고 예상했지만 늘 그렇듯 세상 일은 생각대로 되지 않는다. 제혁은 교도소에 수감되고 일은 꼬여 간다. 금방 나갈 수 있을 것 같았던 교도소 수감 생활은 점점 길어진다. 담장 밖에서는 수많은 팬과 동료들의 믿음을 한 몸에 받는 그였지만 이제는 6미터 담장 안에서 모든 것을 새롭게 배워야 하는 죄수일 뿐이다. 결코 순탄치 않았던 야구 인생을 헤쳐 온 것처럼 김제혁은 감방에서 슬기롭게 자신의 형기를 마치고 나와야만 한다.

이 드라마는 방영되기 전부터 교도소나 범죄자를 미화하거나 그들의 죄를 변론하려는 내용이 아니냐는 우려를 샀다. 이에 대해 드라마 제작자인 신원호 PD는 인터뷰를 통해 "지금까지 감옥은 벗어나야 할 공간으로만 인식되고 실제 살아가는 공간으로는 전혀 그려지지 않았다."며, "다양한 인생의 삶을 보여 주려고 한다."고 밝혔다. 이 드라마는 교도소의 인간 군상을 묘사하면서 '죄를 미워하되 인간은 미워하지 말라'는 말의 의미를 다시 생각해 보게 만들었다.

자유에는 반드시 '선택할 권리'가 있어야 한다

감옥에 오기 전에 슈퍼스타였던 만큼 감옥에서도 김제혁에 대한 대우는 남다르다. 그렇다 해도 그가 누릴 수 없는 하나가 있다. 바로 자유다. 유별난 교도소장이 그를 이용해 교도소 홍보에 열을 올려도, 다른 죄수들이 그를 '김제혁 선수'라며 사회에 있을 때처럼 스타 대우를 해줘도 그에게 자유가 없다는 사실이 달라지지는 않는다.

범죄에 대한 처벌로 가장 흔한 것이 그 사람의 자유를 박탈하는 감옥형이다. 감옥에 갇힌 사람은 자유를 누릴 수 없다. 그래서 감옥에 갇히는 것은 자유를 억압당함으로써 지은 죄에 대한 대가를 치르는 것이다.

우리는 흔히 자유, 평등, 사랑 등을 인간이 지녀야 할 중요한 가치로 꼽는다. 세 가지 모두 소중하지만 자유는 나머지 가치인 평등과 사랑의 전제 조건이라는 측면에서 가장 기본이 되는 가치다. 자유가 있을 때 다른 모든 가치들이 그 의미를 가진다는 것이다. 자유는 다른 모든 가치의 선결 조건이다.

최근 조현병 환자의 범행이 문제가 되면서 심신 미약을 이유로 감경해서는 안 된다는 국민청원이 올라오는 등의 여론이 형성되고 있다. 하지만 심신 미약 감경을 없애기는 어렵다. 심신 미약 상태인자처럼 자신의 행동에 책임을 지지 못하는 사람에게 책임을 감경하는 것은 책임 능력이 없는 자의 불법 행위에 대해서는 형벌을 부과할 수 없다는 '책임주의 원칙'에 따른 것이기 때문이다. 자신의 자유 의지로 한 행동이 아니라면 그 행동에 대한 책임을 물을 수 없다는 것이다. 그런데 이 문제의 적용 범위를 인간 이외의 대상에게 확대시키면 어떻게 될까? 만일 자유 의지를 지니고 있다면 (만일 사람이 아니라도) 잘못된 행동에 대해 책임을 져야 한다고 할 수 있을까?

공장에서 조립 로봇으로 인해 사람이 다친 경우를 생각해 보자. 이 로봇에게 책임을 물어야 한다고 생각하는 사람은 없을 것이다. 로봇은 자신의 의지로 사람을 다치게 한 것이 아니기 때문이다. 로봇이 고장 났으면 수리하면 된다. 만일 사람의 잘못으로 로봇이 오작동을 했다면 관리자인 사람이 책임을 진다. 이와 달리 개가 사람을 물었을 경우에는 개 주인뿐 아니라 개에게도 책임을 묻는다. 개는 사람을 물거나 물지 않을 선택을 할 수 있기 때문이다. 그래서 사람을 다치게 한 동물은 격리하거나 안락사 시키는 것이다.

자유라는 것은 어떤 행동을 선택할 수 있는 것을 말한다. 식사 메뉴부터 선거에 이르기까지 우리 삶은 수많은 선택의 연속이다. 이러한 상황에서 매번 탁월한 선택을 할 수 있다면 좋을 텐데 사실 그건 어렵다. 단순한 선택에 속하는 인터넷 쇼핑도 선택에 만족하지 못하고 반품이나 교환할 때가 많다. 그렇다고 심사숙고한 선택의 결과가 항상 만족스러운 것도 아니다. 제대로 선택하지 못하면 우유부단한 성격으로 찍히기도 한다. 자유가 무한정 주어진다고 해서 반드시 좋은 것은 아니다. 제대로 선택하는 일이 어렵기 때문이다. 그렇다면 제대로 선택하는 건 왜 이렇게 어려울까?

선택권이 많으면 과연 행복할까?

1980년대만 해도 전화기를 사기 위해 골머리를 싸맬 필요가 없었다. 전화국 앞에 있는 전화기 가게에서 취향에 맞는 디자인을 골라 전화기를 사고 전화국에 개통을 신청하면 그만이었다. 하지만 오늘날에는 스마트폰을 사기 위해 많은 고민을 해야 한다. 수십 가지가 넘는 휴대폰 중 하나를 선택하는 것뿐만 아니라 통신사와 저장 용량, 데이터 사용량, 다양한 요금제 중에서 또 골라야 한다. 유선 전화기에 비하면 선택이 쉽지 않다. 휴대폰을 처음 사는 사람은 당연히 신중할 수밖에 없고, 기존 사용자는 구입해 본 경험에 비춰 실수 없이 더 좋은 선택을 하기 위해 고민하게 된다.

이렇게 힘들게 휴대폰을 선택했지만 문제는 과거 유선 전화기를 처음 집에 놓았을 때보다 더 큰 만족을 얻기는 어렵다는 것이다. 예전에는 전화기 한 대가 주는 만족감이 크고, 전화기를 보러 동네 사람이 구경하러 오는 일도 있었다. 하지만 지금은 최신 휴대폰조차 만족감이 오래 지속되지 않는다. 스마트폰의 가격이나 디자인, 성능 등이 워낙 다양해서 제품에 관한 모든 부문에서 만족을 얻기가 결코 쉽지 않다.

마트에 가면 다양한 기능과 가격의 제품들이 즐비하게 나열되어 있다. 심지어 고기 종류도 수십 가지나 된다. 단지 돼지고기, 소고기, 닭고기 같은 종류만이 아니라 돼지고기만 해도 생산자, 부위, 보관, 가공 상태 등 복잡하게 분류되어 있다. 또한 구입 시간에 따라 가격도 차이 난다. 돼지고기 하나를 사는 데도 많은 선택지 앞에 선다. 하루에도 수없이 많은 선택을 하고 살지만 당연히 모든 선택이 만족스럽지는 못하다. 때로는 너무 많은 선택이 오히려 스트레스를 주며, 잘못된 선택으로 피해를 보는 경우도 종종 있다.

전화기나 마트의 고기처럼 현대 사회는 사람들에게 점점 더 많은 선택의 기회를 주지만 선택에 대한 만족도는 오히려 떨어졌다. 놀라운 것은 최고의 선택을 하려고 더욱 많은 노력을 기울이는 사람일수록 선택으로 얻는 행복 지수는 더 떨어진다는 것이다. 후회 없는 선택을 하려고 노력할수록 후회할 가능성이 높아진다는 것은 언뜻 생각하면 납득하기 어렵다. 미국의 사회행동학자 배리 슈워츠는 저서『선택의 심리학(The Paradox of Choice : Why more is less, 2004)』에서 선택

2009년 테드 강의를 하는 배리 슈워츠 　　　　『선택의 심리학』 표지

에 대한 통념을 깨는 주장을 한다. 전혀 선택할 수 없는 것보다는 선택할 수 있는 것이 좋지만, 선택지가 더 많다고 해서 항상 더 좋은 건 아니라는 것이다. 슈워츠는 선택지가 많으면 그것을 선택하기 위해 투입되는 손실 비용이 증가해 선택으로 얻을 수 있는 이득이 감소한다고 설명한다. 특히 이러한 경향은 만족을 최대화하려는 성향을 지닌 사람들에게서 더욱 많이 나타난다.

휴대폰을 사면서 자기가 원했던 것(가격, 디자인, 사진 등)을 얻었을 때 다른 사항은 고려하지 않고 '이만하면 됐어.'라고 생각하는 사람은 자기 선택에 대한 만족도가 높다. 하지만 휴대폰에 대해 많이 알고 있으며 최선의 선택을 하려고 많은 노력을 기울인 사람일수록 사소한 문제에도 불만을 토로하며 자기 선택에 대해 후회할 가능성이 높다. 가격에 대한 후회일 수도 있고, 단지 다른 회사의 제품이 더 좋아 보

자유로운 감방생활?

여서일 수도 있지만 어쨌건 자신의 휴대폰에 완전히 만족하기란 쉽지
않다.

　이처럼 많은 선택지가 사람을 힘들게 만들기 때문에 아예 초깃값이
주어지기도 한다. 휴대폰을 사면 아무것도 손대지 않아도 바로 사용

이 가능하다. 휴대폰의 초깃값은 대다수 사람들이 가장 선호하는 기능으로 설정되어 있어 그대로 쓰는 경우가 많다.

역사 역시 인류가 선택한 결과물이다. 인류는 많은 것을 선택해 왔기 때문에 선택지가 많은 상황이 더 좋은 것이라고 믿는 경향이 있다. 적절한 선택의 자유가 인간에게 행복을 주는 것은 분명하다. 하지만 너무 많은 선택의 자유는 오히려 좋지 않은 결과를 불러오기도 한다는 것을 기억하자.

확률에 익숙하지 않은 인간, 선택에게 배신당하다

선택에 대한 또 다른 반전은 '심사숙고'가 오히려 일을 그르친다는 것이다. 중요한 결정을 할 때 심사숙고해야 한다는 일반적인 생각과 달리, 단순한 문제일 경우에는 너무 많은 생각이 도리어 엉뚱한 선택을 하게 만든다. 축구 경기에서 일류 선수가 페널티킥을 실축하는 건 많은 생각으로 긴장했기 때문이다. 더 맛있는 음식을 고르는 시식에서도 맛을 본 후 그냥 선택하면 전문가들의 선택과 비슷한 결과가 나온다. 하지만 선택에 대한 이유를 쓰라고 하면 음식의 순위는 뒤죽박죽이 되어 버린다. 복잡한 생각이 맛에 대한 판단력을 흐려 현명한 선택을 방해한 것이다.

한편 동물들은 여러 상황에서 신속하게 선택할 수 있는 모듈을 가지고 있다. 그래서 맛있는 것이나 좋은 것, 위험한 것이나 나쁜 것에 대해 빠르게 판단하여 선택하거나 선택을 피할 수 있다. 이러한 문제는 깊이 생각할 필요가 없으며, 오히려 심사숙고가 좋은 선택을 방해한다.

물론 인간이 동물처럼 단순한 선택만 했다면 문명을 건설하지 못했을 것이다. 인간은 다른 동물보다 더 복잡하고 다양한 선택을 할 수 있도록 대뇌의 크기가 커지는 방향으로 진화했다. 심지어 인간은 체스나 바둑, 도박처럼 선택을 시뮬레이션하는 게임을 할 정도로 선택을 즐긴다. 고대에 무속 신앙이 등장한 것도 초월적인 존재에게 도움을 받아 최선의 선택을 하려고 했기 때문이다. 이렇듯 인류가 이룩한 문명과 역사는 인류가 행한 수많은 선택의 결과물인 셈이다(사실 물리 법칙을 확률적으로 만들어 버린 양자역학의 관점으로 본다면 우주의 모든 것들이 확률적인 선택에 의해 나타난 것들이다).

문제는 선택 전문가(?)인 인간이 확률에는 익숙하지 않아 종종 잘못된 선택을 한다는 거다. 동전을 6번 던졌을 때 '앞 뒤 앞 뒤 앞 뒤' 면의 순서로 나오는 경우와 '앞 앞 앞 앞 앞 앞' 면의 순서로 나오는 경우 중에 어느 쪽이 나올 확률이 높을까? 이 질문에 대부분 앞의 경우를 선택한다. 하지만 두 경우 모두 나올 확률은 같다.(동전을 던질 때마다 앞이나 뒤가 나올 확률은 1/2이다. 따라서 두 경우 모두 나올 확률은 $(\frac{1}{2})^6 = \frac{1}{64}$로 같다.)

실제로 1913년 몬테카를로 도박장의 룰렛게임에서 20번 연속으로 검은색 구슬이 나오자 그 다음엔 붉은색 구슬이 나올 것을 기대한 도박사들이 엄청난 돈을 걸었다. 하지만 그 후에도 계속 검은색 구슬이 나왔고, 27번째가 되어서야 붉은색 구슬이 나왔다. 앞에 어떤 구슬이 나왔더라도 다음 번 구슬이 나올 확률은 앞의 사건과 독립된 사건이다. 확률을 제대로 알지 못했던 도박사들은 잘못된 선택으로 엄청난 돈을 날렸는데, 이것을 '도박사의 오류'라고 한다.

선택을 그르치는 중요한 요인에는 수학적인 오류와 함께 다양한 편향(Bias)이 있다. 편향이란 '보고 싶은 것만 보고, 믿고 싶은 것만 믿는 것'처럼 판단의 근거가 이미 한쪽으로 치우쳐 제대로 선택하지 못하는 것을 말한다. 중요한 결정을 내릴 때 수학적인 오류와 함께 생각이 편향되지 않도록 하는 일이 쉽지 않다. 그렇기에 선택은 어려운 것이다. 절반이 넘는 사람들은 자신이 평균보다 선택을 잘한다고 믿는다. 그런데 평균의 의미를 잘 한번 생각해 보자. 어떻게 절반이 넘는 사람이 평균보다 잘할 수 있겠는가?

똑똑한 사람만 모인 씽크탱크 같은 곳에서 의외로 엉뚱한 결론을 내리는 것도 마찬가지 상황이다. 씽크탱크는 일반적으로 다른 집단보다 현명한 판단을 내린다. 하지만 같은 생각만 지닌 사람들끼리 모여 있기 때문에 잘못된 선택을 할 때 그것을 걸러 줄 아무런 장치가 없다. 이것을 '집단의사결정(group decision making)의 오류'라고 한다.

미국 예일대학교의 심리학자인 어빙 재니스(Irving Janis)는 『집단사고의 희생자들(Victims of Groupthink, 1972)』에서 우수한 두뇌 집

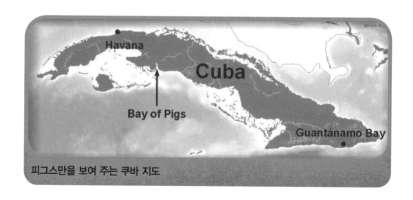

피그스만을 보여 주는 쿠바 지도

단이 어떻게 잘못된 결정을 내릴 수 있는지를 설명하며 '집단사고 (groupthink)'라는 개념을 제시했다. 집단사고는 집단에 의한 독단적인 판단을 말한다. 1961년 미국에 의해 일어난 '피그스만 침공 사건'이 대표적인 사례다. 당시 케네디의 참모들은 대부분 하버드대학교를 나오고 유복한 가정 출신의 소위 금수저들이었다. 그들은 반혁명 세력이 침공하면 쿠바 정부에 반대하는 시민들이 그들을 도와주리라 착각하고 있었다. 침공 결과는 참담한 실패로 끝났다. 쿠바 국민들의 마음을 제대로 알지 못한 채 침공을 감행했다가 낭패를 본 것이다. 참모들뿐만 아니라 반혁명 세력들도 모두 기득권 출신인 상황에서 당연한 결과가 아니었을까? 미국의 사례를 들 것도 없이 당파 싸움을 일삼았던 우리나라의 정치도 집단사고의 오류에 휩싸이는 경우를 어렵지 않게 볼 수 있다. 집단사고는 어떤 믿음에 빠지면 올바른 선택을 못하게 된다는 것을 잘 보여 준다.

각본 없는 드라마 야구,
그리고 야구의 과학

이 드라마의 주인공 김제혁은 승승장구하는 야구 선수다. 마무리 투수로 활약하다 메이저 리그까지 진출할 정도라면 그는 적어도 확률의 승자라고 불려도 될 듯하다. 사실 야구만큼 과학과 친밀한 스포츠가 또 있을까 싶다. 야구는 확률과 통계, 선택의 스포츠다. 야구만큼 상세한 통계에 의존하는 경기는 없으며 확률이 실제로 경기의 승부에 중요한 역할을 하는 스포츠도 없다.

벌써 10여 년이 지났지만 2008년 베이징 올림픽에서 야구를 본 국민이라면 그때의 감동을 쉽게 잊을 수 없을 것이다. 2002년 월드컵과 함께 2008년 올림픽 야구는 국민들에게 스포츠가 주는 최고의 감동을 선사했다. 우리나라 야구 대표팀은 남자 단체 구기 종목 사상 첫 금메달이라는 역대 최고의 성적을 거뒀다. 9연승이라는 신화를 창조하며, 역전의 드라마를 연출한 야구 대표팀은 스포츠의 진정한 재미를 보여 줬다.

흔히 야구를 '각본 없는 드라마'라고 한다. 물론 어떤 스포츠이든 감동과 재미를 선사한다는 측면에서 모두 훌륭한 드라마가 될 수 있다. 하지만 9회 말 투아웃에서 시작되는 역전 드라마는 그 어떤 스포츠에서도 줄 수 없는 짜릿한 쾌감을 관중들에게 선사한다. 이것은 투수와 타자 사이에 만들어진 절묘한 확률이 빚어낸 결과다. 즉 야구의 규칙이 투수에게 너무 유리하게 만들어져 타율이 1할 대에 머물러 있다면 점수가 잘 나지 않아 역전의 드라마는 연출되기 어렵다. 또한 그 반대의 경우에는 너무 점수가 많이 나기 때문에 시합이 길어지고 긴장감이 떨어지게 된다. 즉 야구공이나 배트 등 경기에 대한 규정들은 타율이 3할 대 전후를 유지할 수 있도록 많은 시행착오를 겪으면서 완성된 것이다.

야구 규정을 보면 야구공은 무게가 141.7~148.8그램이고, 둘레는 22.9~23.5센티미터, 복원 계수는 0.514~0.578을 가져야 한다. 야구 규정에 따라 야구공은 코르크 심에 고무를 덮고 실을 감은 후 '8'자 모양의 소가죽 두 개를 108땀으로 꿰매어 만든다. 야구공을 만드는 방법이 이렇게 까다로운 데는 다 이유가 있다. 1800년대 중반에 사용된 고무공에 털실을 감아서 만든 초창기 야구공은 탄성이 너무 뛰어나 한 경기에 100점을 넘기는 경우도 있었다. 이후 야구공이 무거워지고, 코르크 심을 제거한 공을 사용하자 홈런이 급격하게 줄어들었다. 그래서 1920년대부터 코르크 심을 넣은 공이 다시 등장하자 베이비 루스와 같은 홈런왕이 나올 수 있었다. 이때부터 투수들은 살아남기 위해 변화구를 통한 다양한 구질을 개발해야만 했다.

108땀의 솔기는 투수들이 변화구와 강속구를 던질 수 있게끔 해준다. 투수들은 야구공의 솔기를 이용해 공을 빠른 속도로 회전시킨다. 뛰어난 선수들은 분당 1800번이라는 엄청난 속도로 공을 회전시키며 포수를 향해 던질 수 있다. 이렇게 빨리 회전하는 공은 마그누스 힘에 의해 휘어져 날아간다. 빠르게 던지거나
느리게 던지거나 마그누스 힘은 거의
차이가 없지만 느린 공이 홈 플레이트
까지 도달하는 시간이 길어 더 많이 휘
어지기 때문에 느린 변화구가 탄생하게 되
는 것이다.

　하지만 야구공의 솔기가 변화구를 던질 때만 중요한 역할을 하는
것은 아니다. 솔기는 마치 골프공의 딤플(원래 골프공은 딤플이 없이 매
끈했다. 하지만 노련한 골프 선수들은 새 공보다 낡은 공이 더 멀리 날아간다
는 것을 알았고, 이에 착안해 골프공에 보조개처럼 작은 홈을 파서 만든 것이
딤플이다.)처럼 야구공에 작용하는 항력(공기 저항에 의한 힘)을 줄여 주
기 때문에 강속구를 던질 수 있게 해준다.

　솔기가 강속구를 가능하게 한다는 것은 타자가 공을 쳤을 때 더 멀
리 날아가게 한다는 뜻도 된다. 솔기가 있는 공이 120미터를 날아갈
때 표면이 매끈한 공은 105미터밖에 날아가지 않는다. 이와 같은 원
리로 빠른 직구보다는 느린 변화구를 쳤을 때 홈런이 나올 가능성이
더 크다. 느린 변화구를 받아쳤을 때 공에 역회전이 걸리면서 양력이
발생해 놀랍게도 빠른 직구보다 4미터 정도 더 멀리 날아가게 되는 것
이다.

　홈런은 야구의 꽃이라고도 한다. 베이징 올림픽에서도 국민 타자
이승엽이 시합 내내 부진했지만 팀이 패배할 위기 상황에서 홈런을

쳐서 이름값을 했다. 이승엽 선수뿐 아니라 모든 타자들이 홈런을 치고 싶어 하지만 홈런을 치기란 결코 쉽지 않다.

투수가 던진 공이 홈 플레이트를 지나가는 데 걸리는 시간은 겨우 0.45초 정도다. 이 짧은 시간조차도 타자가 공을 판단하는 데 모두 주어지는 것이 아니다. 즉 투수의 손을 떠난 공을 타자의 뇌가 인식하고 근육으로 신호를 내려 배트를 휘두르는 데 필요한 0.4초를 제외하면 실제로 공을 판단할 수 있는 시간은 겨우 0.05초밖에 되지 않는다. 이 짧은 시간동안 공을 판단하여 배트에 맞힌다고 모두 홈런이 되는 것은 아니다. 스위트 스폿(sweet spot)이라고 하는 배트 끝에서 17센티미터 정도 떨어진 지점에 정확하게 맞혀야 한다. 스위트 스폿은 배트의 진동 중심으로, 이 지점에 공이 맞았을 때 배트의 운동에너지가 공에 잘 전달되어 공이 멀리 날아간다. 타자들은 공이 배트에 맞는 순간 홈런임을 예감한다고 하는데 이것은 이 지점에 공이 맞으면 배트를 쥔 손에도 충격이 작게 전해지기 때문이다.

야구에는 투수와 타자만 있는 것이 아니다. 승리를 위해서는 뛰어난 수비수도 꼭 필요하다. 노련한 외야수라면 공이 떨어질 지점에 가서 미리 준비한다. 이것은 단순히 외야수의 발이 빠르기 때문이라기보다는 오랜 연습을 통해 공이 떨어질 지점을 빨리 판단한 결과다. 타자가 친 공은 처음 1초 동안은 펜스 아래에 떨어질 공과 내야에 가까운 뜬공이 별 차이가 없다. 2초 후부터 공의 궤도에 차이가 난다. 노련한 외야수는 공의 궤도를 보고 출발하는 것이 아니라 타자가 공을 첬을 때 자세와 소리 등 여러 가지 정보를 종합하여 판단한다. 뛰어난 내야수는 시속 100킬로미터 가까이 날아오는 땅볼이 불규칙적으로 바운드를 일으켰을 때도 0.2초 만에 반응해서 이를 처리해 낸다.

이와 같이 야구는 정말로 눈 깜짝할 사이에 많은 일이 벌어지기 때문에 뛰어난 일류 선수들이라도 가끔 실책을 한다. 하지만 실책은 야구의 재미를 떨어트리는 것이 아니라 공을 던진 투수조차 어떻게 될지 모르는 너클볼처럼 야구를 더 짜릿하게 만드는 재미를 선사한다.

야구에서 타자가 시속 150킬로미터의 빠른 공을 배트로 쳐서 보내려면 약 4톤에 달하는 힘을 작용해야 합니다. 타자가 공에 4톤의 힘을 작용한다는 것은 쉽게 납득 가지 않을 수도 있을 것입니다. 사람이 어떻게 4톤이나 되는 힘을 작용할 수 있을까요? 이때 힘은 충격력으로 힘이 작용하는 시간이 짧으면 충격력이 증가합니다. 배트와 공 사이에 충돌 시간이 짧으면 그만큼 충격력이 증가하므로 작용한 힘이 4톤이나 될 수 있습니다. 즉 4톤이라는 힘은 충격력이며, 아주 짧은 순간 배트는 공에 이렇게 큰 힘을 작용합니다. 공의 운동 방향을 바꾸기 위해 타자가 배트로 공에 엄청난 힘을 작용하면 공도 배트에 힘을 작용합니다. 이를 작용-반작용법칙이라고 합니다.

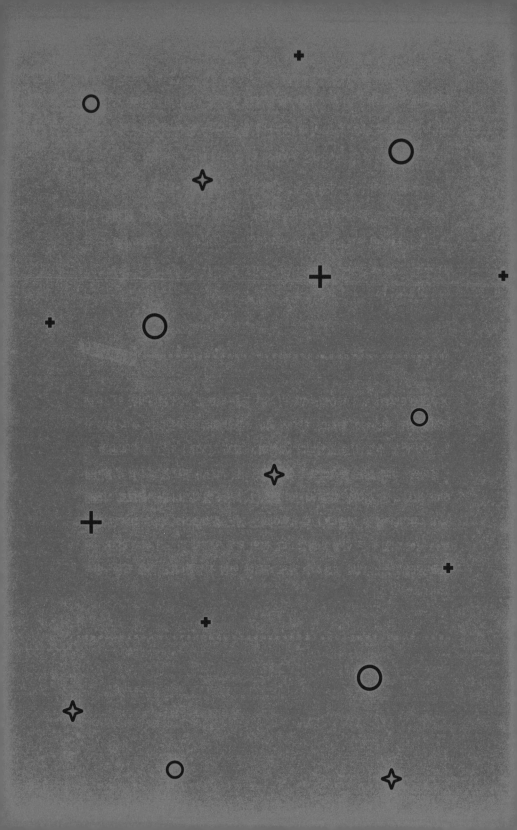

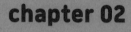

chapter 02

과학 기술이 만든
4차 산업혁명의
그림자를 살피다

지식보다 중요한 것은 상상력이다.
지식에는 한계가 있지만 상상력은
세상 모든 것을 끌어안고, 진보를 자극하고,
진화를 낳기 때문이다.

_알버트 아인슈타인

공자는 『논어(論語)』 「위정편(爲政編)」에서 '군자불기(君子不器)'라 했다. 이 말은 '군자는 그릇(器)이 아니다.'라는 말이다. 그릇이라는 말은 '그 사람의 그릇이 크다'란 표현처럼 됨됨이나 품성을 이르는 용어로 많이 사용된다. 하지만 여기서 그릇은 인성을 가리키는 용어가 아니라 기술이나 기능 등 능력을 뜻한다. 따라서 '무릇 군자라 함은 한 가지 기술에 능통한 이가 아니다'로 해석하는 것이 적합할 것이다. 첨단 기술의 시대에 살고 있는 우리의 관점으로 본다면 기술을 천시하는 이러한 생각이 전근대적으로 느껴질지 모른다. 하지만 이 말을 '군자는 하나의 기술에만 능통한 자가 되어서는 안 된다.'라는 말로 해석하면 공자가 살았던 춘추전국 시대뿐 아니라 4차 산업 혁명을 논하는 지금에도 마찬가지로 적용될 수 있다. '군자불기'에서 군자가 바로 융합형 인재를 뜻하기 때문이다.

오늘날 누구도 구글을 통해 얻을 수 있는 방대한 지식을 능가할 기억력을 가질 수는 없다. 단순 계산이나 문제 풀이, 암기는 더 이상 필요 없는 능력 이라는 것이다. 그렇다면 앞으로 어떤 인재가 필요하다는 말인가? 바로 상 상력을 지닌 인물이다. 어떤 기술이 필요하며, 기술이 어떤 세상을 만들어 갈지 상상할 수 있는 능력. 그것이 미래 사회에 필요한 인재다. 각각의 지식 과 기술을 엮어서 새로운 지식과 기술을 만들어 내는 능력만이 인공지능 시 대에 인간의 가치를 드높일 수 있는 길이다.

공자나 아인슈타인은 결코 오늘날과 같은 미래 세상을 상상하지는 못했을 것이다. 하지만 그들은 시공을 초월해 인간이 지닌 가장 소중한 능력이 무 엇인지 꿰뚫어 보는 식견이 탁월했다. 그러기에 오늘날에도 우리는 그들의 충고에 귀를 기울이는 것이다.

▶ 4차 산업혁명 시대에 가장 필요한 의술은?

촌스럽고 고리타분하다고 치부되어지는,

그러나 실은 여전히 우리 모두 아련히 그리워하는

사람다운, 사람스러운 것들에 대한 향수들…

이 드라마는 바로 그런 가치와 아름다움에 대한 드라마다.

<낭만닥터 김사부> 홈페이지 중

첨단 의료 환경과는

거리가 먼 시골에 있는 아담한 돌담 병원. 이곳에는 가히 전설적인 실력을 가진 외과의사 닥터 김사부(한석규 분)가 있다. 그는 한때 서울에 있는 종합병원에서 '신의 손'으로 불릴 만큼 실력이 뛰어난 의사였다. 비록 자기 잘못은 아니지만 과거에 제자를 살리지 못했다는 자책감으로 부용주라는 원래 이름을 숨기고 정선에 있는 돌담병원에서 외과의사로 조용하게(?) 지내고 있다. 어느 날 그에게 서울에 있는 거대병원(거대한 병원이라는 뜻이 아니라 거산대학 병원이라는 뜻이다)에서 의사 두 명이 내려온다.

한 명은 부와 명예를 인생의 목표로 삼고 있던 젊은 의사 강동주(유연석 분)다. 그는 내세울 것 없는 흙수저 출신이지만 뛰어난 실력 덕분에 출세가도를 달리고 있었다. 하지만 욕심이 과하면 탈이 생기는 법인지 VIP 수술 실패로 한순간에 모든 것을 잃고 돌담병원으로 내려온다. 좌천되어 온 병원에는 반가운 얼굴이 있다. 강동주의 선배로 '미친 고래'라고 불리는 열혈 의사 윤서정(서현진 분)이다. 강동주에 비하면 실력은 떨어지지만 사명감이나 끈기 하나만은 누구에게도 뒤처지지 않는다. 윤서정은 사랑 때문에 방황하다 시골로 내려와 뜻하지 않게 김사부와 연을 맺고 그에게 의술을 배우고 있었다. 김사부는 제자를 잃었던 아픔 때문에 다시는 제자를 받으려 하지 않았지만 운명처럼 이 두 명의 의사를 맞게 된다. 그리고 서로 다른 성격을 지닌 두 사람은 김사부의 그늘 아래서 새로운 의사로 거듭나게 된다.

줄거리를 들으면 아마도 무협영화가 떠오를지도 모른다. 흔하디흔한 '강호의 은둔 고수' 플롯처럼 느껴지기 때문이다. 첨단 시설을 갖춘 거대병원보다 보잘 것 없는 시골의 한 병원이 병을 더 잘 치료한다는 이야기에 아날로그적 감성도 물씬 풍긴다. 하지만 이 드라마는 다른 메디컬 드라마와 달리 의사의 길에 대한 고민이 담겨 있다. 그리고 이를 통해 미래 의료 기술이 무엇을 담고 있어야 하는지 고민하게 만든다. 뛰어난 실력자 김사부에게 낭만닥터라는 명칭이 붙은 것처럼 미래 디지털 의료 환경에서도 꼭 필요한 것은 아날로그적 감성 즉 인문학적 의료가 필요하다는 의미다. 과연 미래의 의료 환경에는 무엇이 필요할까?

의술이 아무리 발전해도
환자에게 진짜 필요한 것은?

강동주가 김사부에게 "당신은 착한 의사입니까? 좋은 의사입니까?"라고 묻자, 김사부는 "착한 의사? 좋은 의사? 환자가 나를 볼 때

이 둘로 선택할까? 아니야. 환자는 필요한 의사를 선택하지."라고 대답한다. 이 질문은 의사란 어떤 존재여야 하는가에 대한 근본적인 질문이다. 환자에게 진정 필요한 의사는 누구인지에 대한 근본적인 질문을 던지는 것이다.

흔히 생각하는 좋은 의사가 환자에게 반드시 필요한 의사인지 묻는다. 우리는 부와 명예를 거머쥐기 위해 혈안이 된 의사는 나쁜 의사, 환자를 위해 열심히 노력하는 의사는 착한 의사나 좋은 의사로 구분하지만 그게 아니라는 거다. 김사부는 환자에게는 자신의 병을 치료할 수 있는 의사 즉 병을 낫게 해주는 의사가 필요하다고 말한다. 그래서 김사부는 능력은 있지만 삐뚤어진 의사관을 지닌 강동주를 끊임없이 몰아친다. 김사부의 가르침이 강동주를 변화시킬 수 있었던 것은 자신의 신념을 실천하는 모습을 직접 보여 주기 때문이다.

김사부의 진면목을 꿰뚫어 본 이가 바로 거대병원 재단의 숨은 실세 신회장(주현 분)이다. 신회장은 자신의 수술을 최고의 시설을 갖춘 거대병원에 맡기지 않고 김사부에게 부탁한다. 왜 거대병원 의사가 아니라 김사부냐는 질문에 "보통 의사는 자기 할 일인 치료만 하고 끝나잖아? 그런데 김사부는 자기 목숨이 위험한데도 환자를 살리기 위해 저렇게 척이 아닌 진짜의 모습을 보인다고. 내 말 이해 못하나?"라는 말로 자신의 선택 이유를 밝힌다. 신회장은 자신의 병을 치료할 수 있는 가장 믿음직한 의사로 김사부를 선택한 것이다.

현실에서 김사부와 비슷한 인물을 찾으면 아마 많은 사람들이 아주

대학병원의 이국종 교수를 떠올리지 않을까 한다. 물론 개인적으로 이국종 교수를 알지 못하니 그가 얼마나 김사부와 비슷한지는 알 수 없다. 허나 석해균 선장과 귀순하다 총상을 입은 북한 병사를 살리기 위해 그가 한 의료인으로서의 행동을 보면 김사부와 닮은꼴로 비춰진다.

이국종 교수에 대한 국민들의 신뢰가 남다르다는 것은 2017년 귀순 병사 수술 공개 논란 사건을 살펴보면 잘 알 수 있다. 2017년 11월 13일 북한 병사 오청성이 판문점 공동경비구역 북측 초소에서 남측으로 귀순하다가 북한 병사의 총격을 받아 부상을 입는다. 아주대학병원으로 후송된 병사는 긴급하게 수술을 받았고, 이 과정에서 수술을 집도한 이 교수는 기생충이 가득한 병사의 상태를 언론에 공개했다. 이 교수가 귀순 병사를 수술하는 과정에서 환자의 배 속에 기생충이 가득 발견되어 위험할 수 있다고 언론 브리핑을 했다. 이를 두고 환자의 인권이 무시되었다고 하면서 정의당의 김종대 의원이 '인권 테러'라며 의료 윤리 문제를 거론했다. 이에 대해 이 교수는 의사는 오로지 환자를 살리는 데 전념해야 한다며 국민들의 알 권리와 환자의 인권 사이에서 자신의 행동은 의료 윤리에 어긋남이 없다고 주장했다. 국민들과 의사협회는 김 의원의 지적에 대해 맹비난을 퍼부었고, 그가 이 교수에게 사과를 하며 사건은 일단락되었다. 하지만 한편으로는 그동안 의료 현장에서 무시되었던 환자 인권에 대해 다시 생각해 볼 계기가 되었다는 지적도 염두에 둘 필요가 있다.

어쨌건 이 사태를 통해 응급센터의 인력이 턱없이 부족하다는 현실이 고스란히 드러났다. 이국종 교수는 한쪽 눈이 거의 실명되어 가는 상황에서도 제대로 쉬지도 못하고 현장에서 분투했다. 그만큼 응급실의 인력이 부족한 상황이라는 것이다.(이런 상황인데도 환자를 치료하는 의사를 두고 환자 인권 테러라며 비난했으니 이에 대한 비난이 쏟아졌던 것이다.) 그리고 이토록 힘겨운 응급센터의 상황은 드라마에서도 생생히 묘사된다.

인공지능 로봇이 의사가 된다면?

그동안 많은 메디컬 드라마에서 다양한 의사의 모습을 보여 주었고 실제로도 그에 못지않게 다양한 의사들이 존재한다. 의사들은 분명 좋은 일을 하고 우리에게 꼭 필요한 사람이다. 하지만 우리가 가장 만나고 싶지 않은 인물이기도 할 것이다. 그렇지만 어쩌겠는가? 누구나 살다 보면 병들기 마련이고 의사를 찾을 수밖에 없다.

환자들이 의사를 찾는 이유는 병을 치료하기 위해서다. 병을 잘 치료해 주고, 아울러 친절하기까지 하다면 더 바랄 것이 없겠지만 모든 의사들이 그런 건 아니다. 대학병원에서 불친절하며, 권위적이고 고압적인 태도를 보이는 의사에게 불만이 많은 환자들의 이야기는 심심치 않게 들을 수 있다. 그렇다면 인공지능 로봇 의사는 어떤가?

사실 내 목숨을 살릴 수 있다면 그 의사가 인공지능 로봇인들 무슨 상관이겠는가? 내게 필요한 의사는 바로 병을 잘 진단하고 치료해 줄 수 있는 능력이 있으면 되기 때문이다. 게다가 인공지능 의사는 앞서 말한 권위적이고 고압적인 인간관계의 문제를 가지고 있지도 않다.

실제로 이미 의사들은 IBM의 왓슨처럼 특정 영역에서 의사보다 뛰어난 능력을 지닌 인공지능과 협업하기 시작했다. 의학적인 자문 역할을 하는 인공지능 의사 왓슨은 인간 의사보다 더 정확하고 빠르게 병을 진단해 내는 능력으로 인정받고 있다. 당연히 환자들의 만족도와 신뢰도도 높다.

이 드라마에서는 의사가 직접 환자를 치료하지만, 과학 기술의 영향을 많이 받은 미래의 의료 환경은 그렇지 않을 수도 있다. 영화 〈로스트 인 스페이스(Lost In Space, 1998)〉에서는 환자의 몸속 장기의 모습을 그대로 환자에게 오버랩 시켜 볼 수 있는 의료 침상이 등장한다. 앞으로 왓슨이 다른 기기들과 융합되면 등장할 법한 미래 모습이다. 즉 인공지능과 3D 영상, VR 기기 등이 결합되면 이러한 의료 침상이 나올 수도 있다. 이 장면에서 주목할 점은 이 장치가 단순히 신체 내부 상태만 보여 주는 의학영상 장비가 아니라는 점이다. 진단과 치료를 동시에 할 수 있다. 홀로그램 영상을 통해 심장 마비로 진단되자 심장에 전기 충격을 가해 환자를 살려 낸다. 환자 상태를 정확하게

신의 손은 곧 기계 손?

진단하고 그것을 입체 영상으로 투영시키는 기술은 의사가 환자를 치료하는 데 많은 도움을 줄 수 있을 것이다.

앞으로 의료 기술은 어떻게 발전해 나갈까? 의료 기술의 미래에 대해 묘사된 영화를 좀 더 살펴보자. 영화 〈엘리시움(Elysium, 2013)〉에는 의사가 필요 없을 만큼 모든 것을 자동으로 해내는 의료 기계가 등장한다. 환자의 몸을 스캔한 후 상태를 사용자에게 알려 주고 치료도 진행한다. 모든 것이 자동으로 이뤄지기 때문에 전문적인 의학 지식이나 의사도 필요 없다. 인공지능 기계가 알아서 최선의 치료 방법을 선택한다. 모든 것을 기계에 맡겨 두면 환자가 침상에서 일어날 때 몸

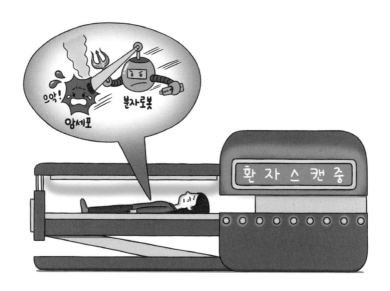

암세포를 공격하는 분자로봇

은 건강한 상태가 된다.

영화 〈바디 캡슐(Fantastic Voyage, 1966)〉에는 초소형화 기술을 통해 작게 줄어든 사람들이 잠수정을 타서 환자의 몸속에 들어가 치료하는 기술이 등장한다. 물론 〈바디 캡슐〉처럼 사람이 축소되어 환자 몸속에서 치료를 한다는 것은 불가능하다. 하지만 영화 〈지.아이.조-전쟁의 서막(G.I. Joe: The Rise Of Cobra, 2009)〉에 등장하는 나노마이트처럼 BT(생물공학기술), NT(나노공학기술), IT(정보통신기술) 등의 발달로 나노 로봇이 몸속을 돌아다니며 암세포를 찾아내 공격하는 것이 가능해질 것이다. 현재 기술로는 삼킬 수 있는 크기의 캡슐형 로봇으로 내시경을 대신할 수는 있으나 영화처럼 작은 로봇으로 암 세포를 찾아내 공격하도록 프로그래밍하는 것은 어렵다. 혈관 속을 누비며 암 세포를 공격하려면 그것보다 훨씬 작은 나노 크기의 로봇이여야 한다. 나노 로봇은 깎아서 조립하는 로봇이 아니라 항원-항체 반응처럼 분자 인식 기술을 이용해 암 세포를 공격하는 물질이 될 것이다.

지금까지 묘사된 의료 기술도 놀랍지만 가장 놀라운 것은 영화 〈제5원소(The Fifth Element, 1997)〉에 나오는 재생 시스템이다. 〈제5원소〉에는 팔 한쪽만 남은 외계인을 3D 프린터로 물건을 만들어 내듯이 인간의 신체로 복구해 낸다. 고장 난 기계 부품을 교체하는 것처럼 바이오프린팅으로 조직이나 기관을 만들어 병든 부위와 교체하는 것은 가능할지 모른다. 하지만 팔 한쪽만으로 외계인을 다시 살려 내는 일은 전혀 다른 문제다. 생명을 다시 살려 내는 일은 아직까지는 신의

영역이기 때문이다. 하지만 노화에 대한 비밀이 풀리고, 신체 기관을
바이오프린팅해낼 수 있게 되면 사람들은 거의 영원히 젊고 건강한
삶을 살게 될지도 모른다.

첨단 기술과 복지 사이의 틈

강동주가 오로지 의사로 출세하기 위해 악착같이 노력하는 이유
는 어린 시절의 아픔 때문이다. 위중한 아버지를 모시고 병원에 와서
치료받을 때를 기다렸지만 돈 많고 힘 있는 환자에게 밀려 치료 시기
를 놓쳐 목숨을 잃은 것이다. 강동주는 어린 시절의 경험 때문에 출세

구리뱀, 1576년 작

에 매달리다가 결국 가진 자들
에게 이용당하고 좌천되어 돌담
병원으로 내려오게 된다. 이 드
라마는 더 많이 가진 자가 더 많
은 의료 혜택을 누리는 것이 옳
지 않다고 묘사한다. 그렇다면
누구나 공평하게 치료의 기회를
가지는 것이 가능할까?

16세기 이탈리아의 화가 틴
토레토(Tintoretto)는 당시 베네
치아에 유행하는 전염병이 빨리

사라지기를 바라는 마음으로 〈구리뱀(The Brazen Serpent, 1575–6)〉을 그렸다. 그림 속 의술의 신 아스클레피오스의 지팡이는 병에서 회복되기를 바라는 마음이 고스란히 담겨 있다. 이제 더 이상 마법의 지팡이에 의존할 필요가 없는 의료 기술을 가졌지만 또 다른 문제가 생겼다.

영화 〈엘리시움〉으로 다시 돌아가 보자. 이 영화는 미래 의료 기술의 성공적인 모습을 보여 주는 것 같지만 사실 의료 복지에 대한 심각한 문제점을 그대로 내보인다. 이 기계에서 치료를 받기 위해서는 DNA 검사를 통해 '엘리시움' 거주자임을 입증해야 한다. 곧 죽을 운명인 맥스(맷 데이먼 분)는 자신과 친구의 아이를 치료하기 위해 가짜 신분을 만들어 엘리시움에 침입하고, 이 과정에서 전투가 벌어진다. 그런데 부자들이 사는 천국 같은 엘리시움과 가난한 자들의 지구 사이에서 벌어진 싸움이 낯설지 않다. 정도만 다를 뿐 현실에서도 이와 비슷한 상황이 곳곳에서 벌어지기 때문이다.

대부분의 국가에서 의료비 부담은 빠르게 늘고 있다. 선진국일수록 건강과 의료에 대한 욕구가 크기 때문에 미국의 경우 수입의 1/5 정도가 의료비로 지출될 정도다. 따라서 건강 보험이 뒷받침되지 않으면 의료 서비스에 대한 격차는 더욱 벌어질 수밖에 없다.

지금도 헬스케어 서비스를 받기 위해서는 그 비용을 부담할 능력이 되어야 한다. 가정용 의료기기가 발달해 부자들은 홈 헬스케어로 질병을 예방할 수 있지만, 가난한 사람들은 예방은커녕 비싼 병원비에 치료조차 받기 어려운 상황이다. 첨단 의료기기일수록 치료비가 비싸기 때문에 의료 보험을 통해 국가가 의료 서비스를 관리하지 않으면 빈부 격차 못지않게 의료 격차가 심해질 수 있다.

'오바마 케어'나 '문재인 케어' 등으로 불리는 의료 복지 혜택 문제는 한정된 예산을 어떻게 지출해야 하는지를 두고 생긴 집단 간의 갈등이 표출된 것이다. 즉 한정된 예산으로 의료 서비스를 무한정 공급할 수 없다. 따라서 국민건강보험료를 인상하거나 의료보험 수가를 내려야 한다. 이를 위해서는 사회적인 합의가 필요하다. 의료 경비 부담과 의료 혜택이 공정하게 주어지지 않는다면 강동주처럼 분노를 느끼는 사람이 더욱 늘 것이기 때문이다.

의료 복지의 문제뿐 아니라 의료 과학 기술에 의해 나타날 새로운 문제도 고민해야 한다. 영화 〈가타카(Gattaca, 1997)〉에는 모든 것이 유전자에 의해 결정되는 사회가 그려진다. 영화에서 유전자를 조작해서 유전적인 질병 없이 태어난 건강한 아이들은 자연적인 방법으로 태어난 아이들보다 더 많은 사회적 기회를 얻는다. 직업을 수행할 능력이 있는지 여부를 따지지 않고 오로지 유전자만 보고 모든 것을 결정해 버린다.

우주 비행사가 꿈이었던 빈센트(에단 호크 분)는 가짜 신분으로 자신의 꿈을 이루려 한다. 빈센트는 끊임없는 노력을 기울여서 유전적 부적격자로 판별되었더라도 실제는 적격자임을 스스로 증명한다. 이 영화는 인간의 게놈 연구가 맞춤 의료 서비스와 질병 연구에 많은 도움을 주지만 자칫 악용될 경우 여러 가지 문제가 생길 수 있음을 잘 보여 준다. 2018년 말 중국에서 유전자 편집을 통해 '디자이너 베이비'가 태어났다는 소식에 세계는 바짝 긴장하고 있다. 이미 판도라의 상자는 열렸고 이를 어떻게 해야 할지 과학자 사회뿐 아니라 세계 각국은 고민에 빠진 것이다. 영화 속의 일이 현실로 다가왔다는 생각에 우려할 수밖에 없는 상황이 된 것이다.

유전 정보는 세포 안 염색체에 담겨서 자식에게 전달됩니다. 염색체는 DNA와 히스톤 단백질로 구성되어 있습니다. DNA는 데옥시리보핵산(deoxyribonucleic acid)의 약자로 핵산은 '세포의 핵 속에 있는 산성 물질'이라는 뜻입니다. 핵산에는 DNA와 RNA의 두 가지 종류가 있습니다. RNA는 리보핵산(ribonucleic acid)의 약자입니다. DNA는 A(아데닌), T(티민), G(구아닌), C(사이토신)이라고 하는 4개의 염기로 구성됩니다. 이 4개의 염기 배열에 따라 저장되는 정보가 달라집니다. 유전자 조작이란 염색체 내에 있는 염기의 배열을 바꾼다는 것입니다. 혈액형부터 피부색, 허 말기 등등 그 사람의 모든 유전 형질은 DNA로 구성되어 부모에게서 자식으로 전달됩니다. 그리고 하나의 염색체 안에는 여러 유전 형질이 들어 있습니다.

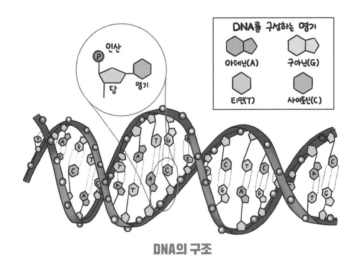

DNA의 구조

▶ 인체 기관이
부품이 되는 날

선과 악

삶과 죽음

복수와 구원

메스를 쥔 그는 과연 어떤 선택을 할 것인가?

드라마 <크로스> 홈페이지 중

15년 전 돈을 벌어 오겠다고

집을 떠난 강인규(고경표 분)의 아버지는 한 달 만에 시신으로 발견된다. 아버지는 장기라도 팔아서 생활비와 아이들 선물을 사려고 했지만, 그만 장기 밀매 조직에 납치되어 장기를 적출당한 채 목숨을 잃은 것이다. 사건 현장에 달려간 인규는 범인 김형범(허성태 분)에게 달려들었다가 돌에 머리를 맞아 부상을 입는다. 하지만 그 사고로 인해 그는 새로운 능력을 얻는다. 후천적 서번트증후군으로 우뇌 손상으로 좌뇌 기능이 극대화돼 루뻬(확대경) 없이 미세혈관을 문합할 정도로 뛰어난 실력을 지니게 된 것이다. 오죽했으면 그가 '매의 눈', '신의 손'이라고 불리겠는가?

뛰어난 실력을 지닌 의사가 된 인규. 하지만 그가 의사가 된 것은 사람의 목숨을 살리기 위해서가 아니었다. 아버지에 대한 복수를 하려고 무려 15년을 준비해 의사가 된 것이다. 그리고 자신의 계획을 실행하기 위해 김형범이 수감된 신광교도소의 의무사무관으로 들어가지만 일이 뜻대로 되지 않는다. 범인은 탈옥해 버리고, 인규는 범인과 연결된 장기 밀매 조직을 찾기 위해 그들을 추적하기 시작한다. 그리고 범인과 연결고리가 있다고 여긴 선림병원에 레지던트 4년차로 다시 들어가게 된다. 그곳에서 인규는 범인과 범인의 배후에 있는 인물의 진실을 하나둘씩 벗겨 낸다. 그 과정에서 인규는 갈등을 한다. 범인을 향해 메스를 들었지만 환자를 대하는 매 순간순간마다 고민하게된다. 범인에 대한 복수를 할 것인가 아니면 사람의 목숨을 살리기 위한 의술을 펼칠 것인가? 과연 인규는 어떤 선택을 하게 될까?

끊임없는 논란의 소재, 장기이식

〈크로스〉는 장기 밀매와 장기 이식이라는 파격적인 소재를 다룬다. 그 전에도 영화나 드라마에서 장기 밀매가 소재로 자주 등장했으니 우리 사회의 어두운 일면으로 끊임없이 거론된 셈이다. 영화 〈공모자들(2012)〉, 〈아저씨(2010)〉 등이 장기 이식 범죄를 그려 냈다. 영화 〈공모자들〉은 2006년 중국으로 신혼여행을 갔다가 장기를 적출당한 신혼부부 사건을 소재로 한다. 또한 영화 〈아저씨〉도 불법으로 장기를 적출하는 국내 범죄 조직이 등장한다. 범죄 행위의 잔인성으로 인해 연소자 관람불가 등급을 받을 정도지만 문제는 현실에서도 이러한 범죄가 일어난다는 것이다. 실제로 2015년 부산에서는 장기 매매 조직이 검거되어 장기 매매가 미수에 그치기도 했다. 매매자 대부분은 돈이 필요해 조직과 거래를 한 것이지만 일부 청소년들은 조직에서 합숙을 시킨 뒤에 필요할 때 장기 이식을 하려고 한 정황도 나타났다.

장기 이식을 다룬 또 다른 종류의 영화들이 있다. 이런 영화들은 세포기억설(셀룰러 메모리)을 바탕으로 한다. 세포기억설은 장기가 원래 기억(이식되기 전의 공여자 몸에 대한 기억)을 가진다는 것이다. 하지만 기억은 뇌와 관련되어 있으니 세포 단위에서는 어떤 기억도 존재하지 않는다.

영화 〈디 아이(見鬼: The Eye, 2002)〉와 같이, 각막 이식 수술을 받고 난 후에 눈으로 귀신을 보는 이야기처럼 만일 이식받기 전에는 없었던 능력이 이식받은 후에 생길 수 있을까? 물론 그럴 가능성은 전혀 없다. 각막은 투명한 상피 세포로 된 조직일 뿐이다. 각막을 이식하면 빛을 굴절하는 능력이 생길 뿐 실제로 존재하는지도 알 수 없는 유령을 보는 능력이 생길 수는 없다. 마찬가지로 드라마 〈내 생애 봄

장기 이식의 세포기억설이 현실이 된다면?

날〉에서 시한부 인생을 살던 여인이 심장 이식을 받고 난 후에 심장을 기증한 사람의 남편과 특별한 사랑에 빠진다는 것도 우연일 뿐이다. 심장을 주었다고 해서 마음이 함께 이식되는 일은 없다. 마음은 심장에 있는 것이 아니라 뇌에 있기 때문이다.

드라마 〈크로스〉 역시 세포기억설의 주장과 완전히 무관하지는 않다. 응급의학과 전문의 손연희(양진성 분)는 과거에 심장을 이식받은 적이 있다. 그 심장의 주인은 바로 강인규의 아버지다. 인규와 연희 사이에 사랑이 싹트지는 않지만 묘한 끌림(연희가 일방적으로 인규를 좋아한다고 표현하는 것이 더 정확하다)이 있다. 하지만 이 드라마에서는 〈내 생에 봄날〉처럼 두 사람이 끌린 이유가 심장 이식 때문이라고 묘사되는 것이 아니라 스토리 전개를 위한 복선으로 사용된다.

이 드라마가 흥미로운 것은 장기 기증에 대해 의학적, 사회적 문제를 심도 있게 다뤘다는 점이다. 장기 밀매를 다루면서 그것을 자극적인 범죄 소재로만 그려 내기보다는 사회적인 문제의식을 가지고 접근했다. 장기 밀매도 개인의 문제가 아니라 사회 문제로 바라봤다. 그러한 의도가 있기에 드라마에는 장기 이식에 관한 의학과 법률 용어가 등장하고, 관련 직업의 활약상에 대해서도 볼 수 있었다. 대표적인 것이 일반인들에게 생소한 코노스(Konos)나 장기 이식 코디네이터의 등장이다.

코노스는 보건복지부 산하에 있는 질병관리본부 장기 이식 관리 센터(Korea Network for Organ Sharing)를 말한다. 코노스는 뇌사 장기

장기이식 코디네이터

기증자(Donor)와 이식 대상자(Recipient)를 적정하게 선정하여 장기 이식이 필요한 모든 환자에게 공정한 장기 이식 기회를 보장하는 역할을 한다. 또한 살아 있는 자 간 장기기증·이식 선정에서는 관계 확인 심사 등을 거쳐 불법 장기 매매가 아니라는 것을 확인한다. 코노스와 협력하여 장기 기증자와 이식 대상자를 관리하는 장기 이식 전문 간호사가 장기 이식 코디네이터다. 단순하게 생각하면 장기 이식은 환자와 기증자, 담당 의사 사이의 일이다. 그런데 왜 국가 기관인 코노스와 코디네이터까지 필요한 걸까? 이는 장기 이식이 우리 생각처럼 그리 단순한 문제가 아니기 때문이다.

환자에게 적합한 기증자를 찾아서 의사는 수술을 하면 된다. 이것은 누구나 알지만 그 기본 원칙을 적용하는 일이 생각보다 복잡하다.

이렇게 복잡한 이유는 수요와 공급의 불균형이 있기 때문이다.

2017년 보건복지부의 통계에 따르면 장기 이식을 기다리는 대기자 수는 34,423명인데 비해 기증자는 2,897명(4,382건)으로 턱없이 부족하다. 기증자 중 생존자에 의한 것이 2,338명으로 대부분이 가족이나 친척 등 가까운 사람이 기증했다. 즉 장기 이식이 필요하지만 가족에게서 기증받지 못하면 오랜 시간을 기다려야 한다는 것이다. 하지만 장기 이식을 마냥 기다릴 수만은 없다. 하루에 4명 이상, 매년 천명이 넘는 환자들이 이식을 기다리다가 사망한다. 혹 사망하지 않더라도 힘들고 고통스런 삶을 이어간다. 장기 이식을 기다리는 환자나 가족들은 장기 매매라는 불법 행위에 유혹당하기 쉬운 환경에 놓이게 되는 것이다. 이 드라마는 그러한 현실을 그려 내며, 장기 이식이 단순한 문제가 아니며 공정하게 장기 이식의 기회를 보장하는 것이 얼마나 중요하고 어려운지를 잘 보여 준다.

생명에 대한 수요와 공급의 논리

강인규의 병원에 온 환자 중 한 사람은 어려운 형편 때문에 돈을 구하기 위해 장기 밀매를 시도한다. 그러한 사정을 알고 있었던 강인규는 그를 도와주려 하지만 불법 장기 매매 현장을 덮친 형사들에게 체포되고 만다. 체포 현장에서 장기를 공여한 죄로 체포되던 환자는 자신을 도와주려 했던 강인규에게 "죄송합니다."라는 말을 되풀이한다. 이 말을 들은 강인규는 "뭐가 죄송합니까? 뭐가 맨날 미안하고 죄송합니까?"라며 울분에 차올라 고함친다.

강인규는 왜 이렇게 외쳤을까? 이것은 사회적 약자인 공여자들이 장기를 팔 수밖에 없는 절박한 상황이었음을 누구보다 잘 알기 때문이다. 가난에 찌든 어린 시절에 인규의 아버지는 장기를 팔아 아들에게 신발을 사주고, 딸의 수술비를 마련하려고 했다. 그러다 그만 불법 매매 조직의 덫에 걸려 싸늘한 죽음을 맞았다. 이런 경험으로 인해 인규는 사회적 약자들에게 돈을 미끼로 장기를 밀매하는 조직이 잘못이지 절박한 상황에 놓인 그들이 뭐 그리 큰 잘못이냐고 외친 것이다.

드라마에서는 인규가 자신의 능력을 십분 발휘해 장기 밀매 조직을 속이고 김형범 일당이 장기 밀매로 번 돈을 다시 빼앗는 데 성공한다. 인규는 그 돈을 장기 기증 센터에 기부하고, 돈이 없어 수술을 받지 못하는 사람에게 돈을 써 달라는 편지를 남기고 사라진다. 마치 의적 로빈 후드처럼 모든 일이 잘 끝났지만 현실에서는 일어나기 어려운 일이다.

여전히 장기 수여자는 많은데 비해 장기 공여자의 수는 턱없이 부족하다. 그런 상황에서 돈을 가진 자들은 남들보다 먼저 이식을 받기 위해 자신의 돈과 권력을 동원하기 쉽다. 이러한 상황을 막기 위해 장기 매매를 엄격히 법으로 금지하고 있다. 장기 매매가 허용될 경우 인간의 신체를 매매하는 행위가 공공연하게 벌어지고 가진 것이 없는 사람들은 부자들의 신체 부품 공장처럼 이용당할 수 있기 때문이다. 하지만 당장 돈이 급한 사람들은 건강에 문제가 없다면 신장을 하나 팔아서라도 생활고에서 벗어나고 싶어 한다. 신장 하나를 떼어 주면 평생 일해도 만져 보지 못할 돈을 주겠다는 제의를 받으면 흔들리는 사람들이 적지 않을 거다.

〈크로스〉에서는 이처럼 의료 행위를 둘러싼 비정한 현실을 가감 없이 보여 준다. 사람들은 자신에게 이익이 없다면 희생하기를 꺼린다. 사실 이익을 보고 희생하는 것은 희생이 아니라 거래다. 따라서 남을 위해 기꺼이 희생하는 일은 아무나 할 수 없다. 드라마에서 3선 국회의원의 아들은 아버지를 살리는 일인데도 수술대에 올라가기를 거부한다. 어머니가 경제적인 지원을 끊어버리겠다고 하자 아들은 마지못해 수술에 동의한다. 부자지간에도 이러한 거래로 장기 기증이 이루어지는데 자발적으로 남을 위해 장기를 기증하기 위해 수술대에 올라가는 이가 과연 몇이나 되겠는가?

그래서 장기 기증은 대부분 뇌사자에게서 이뤄진다. 내가 살기 위해 남이 죽기를 기다리는 아이러니가 현실에서는 일어나는 것이다. 물론 누구도 뇌사자가 생기기를 바라지는 않을 것이다. 하지만 불의의 사고로 뇌사자가 생겼을 때는 그들의 몸을 이용해 다른 사람들에게 새로운 생명을 주는 것이 좋지 않으냐는 것이다. 이렇게 뇌사자를 통한 장기 기증을 기다릴 수밖에 없기 때문에 해마다 수많은 사람들이 장기 기증을 기다리다가 죽는다.

특히 장기 기증을 꺼리는 유교 문화 때문에 우리나라와 마찬가지로 중국도 장기이식에 심각한 수급 불균형이 생긴다. 그래서 중국은 장기 밀매가 암암리에 활발히 이뤄지는 것으로 유명하다. 2015년 이전에는 사형수의 장기 밀매가 돈을 받은 가족과 교소도의 비호 아래 공공연하게 자행되어 국제 사회의 비난이 일기도 했다. 심지어 사형 집행이 내려지기도 전에 장기 적출이 일어났다는 이야기가 나올 정도였다.

기술이 발달할수록 의료계의 고민은 깊어진다

장기 기증자가 턱없이 부족한 상황에서 기증자의 장기는 매우 중요하게 다뤄져야 한다. 그래서 코노스에서는 '장기(Organ)는 공공재(Public goods)로서의 성격을 띠어 잠재뇌사자를 발굴해 뇌사자의 장기를 공정하게 배분하고 국민 삶의 질 제고를 위해 국가가 개입 (Intervention)하여 규제 정책과 육성 정책을 활발하게 전개해야 하는 당위성과 공공성이 있습니다.'라고 입장을 밝힌다. 환자에 비해 턱없이 부족한 기증 장기는 단 하나라도 소중하게 다뤄야 할 우리 모두의 공공재다. 장기를 마치 물건처럼 공공재라고 한다고 해서 불편하게 느낄 필요는 없다. 어차피 장기 자체는 생명이 없기 때문이다. 문제는 한정된 공공재인 장기를 어떻게 사용할 것인가 하는 것이다.

일단 공공재인 장기를 많이 확보할수록 목숨을 살릴 수 있는 환자의 수도 많아진다. 미래에는 장기를 인공 배양해서 공급할 수 있겠지만 아직까지는 기증에 의존할 수밖에 없다. 기증자가 많은 나라일수록 장기 기증으로 인한 혜택을 누릴 수 있는 환자도 많아진다. 그래서 우리나라도 장기 기증에 대해서는 옵트인(Opt In) 제도를 도입하자는 이야기가 나온다. 옵트인 제도는 장기 기증에 대한 거부 의사가 없으면 누구나 장기 기증을 동의한 것으로 간주하는 제도다. 현재 우리나라는 장기 기증에 동의한 사람만 기증자로 보는 옵트아웃(Opt Out) 제도를 시행하고 있다. 옵트인 제도를 시행하는 스페인의 경우를 보면 2017년 인구 100만 명당 기증자가 46.9명인데 비해서 우리나라는 9.95명밖에 되지 않는다. 그렇다고 옵트인 제도가 장기 기증을 강제로 하는 제도라고 오해하면 안 된다. 옵트인 제도를 실시해도 실제 상황이 닥치면 가족에게 다시 기증 의사를 최종 확인한다. 옵트인 제도는 장기 기증에 대한 사람들의 생각을 바꾸는 제도로 보는 것이 타당

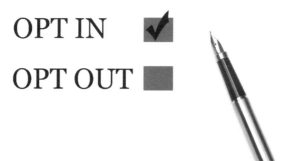

하다. 사람들은 맨 처음 설정이 무엇인지에 따라 추후 선택 비율이 달라지기 때문이다.

장기 기증은 자발적으로 동의해야 하지만 중국과 같이 불법이 성행하는 곳에서는 동의 없이 장기 매매가 이뤄지기도 한다. 자발적으로 동의했다고 해서 모든 일이 끝난 것은 아니다. 수술 성공률을 높이려면 장기의 상태가 좋아야 하는데 기증자가 죽고 나면 장기의 상태가 급격히 나빠진다. 적출이 늦어지면 안구나 일부 조직을 제외하면 쓸 수 있는 장기가 별로 없다. 그래서 전통적으로 심장이 뛰지 않으면 사망이라고 정의했던 것에서, 심장은 뛰지만 뇌가 죽은 상태인 '뇌사'라는 죽음에 대한 새로운 정의를 만들어 내게 된 것이다. 식물인간과 달리 뇌사는 다시 살아날 가능성이 없는 사람이다. 그래서 뇌사 판정을 받은 사람은 심장이 뛰고 있어도 장기 기증을 할 수 있다. 그렇기에 뇌사 판정은 신중하게 내려져야 한다. 만일 조금이라도 살아날 가능성이 있는 사람의 장기를 기증하는 행위는 살인이 되기 때문이다. 좋은 상태의 장기를 확보하려면 죽기 직전에 장기를 꺼내는 것이 좋지만 여기에도 문제가 있다. 죽기 직전이라는 것은 아직 죽지 않았다는 뜻이다. 장기를 꺼내면 아직 살아 있는 사람을 죽이는 살인 행위가 될 수 있기 때문이다.

이처럼 힘들게 확보한 소중한 장기는 어떤 순으로 배정해야 할까? 배정에도 순서가 있다. 일반적인 순서는 적합한 대기자 중에서 급한 사람과 먼저 기다린 순으로 배정한다. 코노스에서 규칙을 정해서 시행하지만 드라마에서는 병원 이사장이 병원장과 결탁해 그 순서를 바꾸려 하는 모습이 나온다. 물론 이렇게 하면 불법 행위로 처벌받으니 현실에서는 잘 일어나지 않는다. 장기 이식 순서를 법으로 정해 둔 이유는 누구나 자기 가족이 먼저 수술받기를 원하기 때문이다.

그렇다면 법으로 순서를 정해 둔다면 모든 것이 해결될까? 드라마에서 이식센터장에게 무기수인 죄수를 살리는 것보다 국회의원을 살리는 것이 좋지 않겠냐고 설득한다. 이것을 좀 더 극단적인 예로 바꿔 보자. 많은 사람의 목숨을 살린 의사와 많은 사람을 죽인 연쇄 살인범에게 장기를 이식해야 한다면 어떤가? 의사에게 장기를 이식하면 또 다른 사람의 목숨을 살릴 가능성이 있지만 살인범은 또 다른 사람을 해칠지도 모른다. 그런 상황에서도 살인범의 대기 순서가 먼저이니 살인범을 살려야 할까?

이번에는 어린아이와 노인의 경우를 생각해 보자. 노인은 이미 많이 쇠약해져 있어 장기를 기증받기까지 오래 버티지 못한다. 어린아

장기 이식은 어떤 순으로 배정해야 할까?

이는 아직은 건강하니 좀 더 오래 버틸 수 있다. 또한 노인은 몸이 약하기 때문에 수술을 버티기도 어려울 뿐 아니라 성공률도 낮다. 게다가 수술이 성공하더라도 수술 후 생존율도 높지 않다. 하나의 장기를 투입해 최대 효과를 보기 위해서는 건강하고 더 오래 살 수 있는 사람에게 기증하는 것이 옳은가? 아니면 위급한 사람에게 기증해 급한 불부터 꺼야 한다는 일반적인 원칙을 적용하는 것이 옳은가? 장기기증에 대한 것들이 법으로 정해져 있지만 그것을 적용하는 것은 그리 간단하지 않다. 모든 것이 의료 법률로 해결되지는 않으므로 의료 윤리에 대한 논의가 필요한 것이다.

인간의 심장은 보통 자기 주먹보다 조금 큰 크기입니다. 근육 덩어리인 심장은 온몸으로 혈액을 순환시키는 역할을 합니다. 그래서 심장은 순환계에 속합니다. 순환계의 펌프 역할을 하는 심장이 있어야 혈액을 순환시킬 수 있으니 어류뿐만 아니라 파리와 같은 곤충도 심장이 있습니다. 심장은 심방과 심실로 되어 있는데, 심방은 몸으로부터 혈액을 받아들이는 곳입니다. 심실은 심방에서 온 혈액을 폐나 몸으로 내보내는 역할을 합니다. 그래서 혈액을 내보내야 하는 심실이 심방에 비해 근육이 더 두껍습니다. 심장을 뛰게 만드는 이 근육을 심근이라고 합니다. 심근은 전기적인 신호를 받아 심장을 뛰게 만드는데, 이때 발생한 전기적인 신호를 기록한 것을 심전도라고 부릅니다. 영화나 드라마에서 심장이 뛰는지 모니터로 확인할 때 등장하는 그래프가 바로 심전도입니다. 그리고 심장과 연결된 혈관은 두 종류가 있습니다. 심장에서 나가는 혈액이 흐르는 혈관은 동맥이라고 하고, 심장으로 들어가는 혈액이 흐르는 혈관은 정맥이라고 합니다. 또한 혈액의 역류를 방지하기 위한 구조를 판막이라고 합니다.

▶ 인간의 몸은 뇌를 담는 그릇일까?

우리가 만난 기적

어느 날 갑자기 내 몸이 사라졌다!!!

그래서 다른 사람의 몸을 빌려 살아야만 한다면?

이 황당한 상상에서 출발한 이야기는

영혼과 육체의 불가분의 관계에 대한 근본적인 질문을 던진다.

내 영혼이 다른 사람의 육체를 빌리게 됨으로써

그 사람의 삶을 살게 된다면

나의 정체성과 소속은 어찌 되는 것인가?

〈우리가 만난 기적〉 홈페이지 중

한날한시에 태어나

같은 이름을 가졌지만 전혀 다른 삶을 사는 두 사람이 있다. 한 사람은 서울대 경제학과를 수석으로 졸업하고서 신화은행 강남 지점장이며 차기 은행장으로 거론될 만큼 촉망받는 인재 송현철(김명민 분)이다.

또 다른 사람은 중국집 주방장으로 자기 식당을 가지게 되었다는 것이 마냥 좋은, 평범하고 소박한 송현철(고창석 분)이다. 어느 날 두 사람은 공교롭게도 한날한시에 교통사고가 난다. 심각한 교통사고를 당한 송지점장은 목숨이 위태로운 상황이었고, 송주방장은 3주면 퇴원할 수 있을 정도로 가벼운 부상만 입었다. 하지만 황당하고 어이없는 일이 발생한다. 통조림을 먹던 송주방장이 갑자기 죽고 만 것이다. 저승사자가 이름과 생년월일이 같아 그만 실수로 아직 살 날이 많은 송주방장의 영혼을 데려갔기 때문이다. 그리고 얼마 지나지 않아 심각한 부상을 입은 송지점장도 죽고 만다.

자신의 실수를 깨달은 저승사자는 송주방장의 영혼을 되돌려 보내려고 했지만 이미 송주방장의 몸은 화장되어 버렸다. 이 엄청난 실수를 되돌리기에는 이미 늦었다는 것을 안 저승사자는 송지점장의 몸에 송주방장의 영혼을 넣어 버린다. 그렇게 해서 화장하기 직전에 송주방장의 영혼이 들어간 송지점장이 다시 깨어난다. 송지점장의 가족들은 죽었던 사람이 살아나서 좋아하지만 문제는 몸과 영혼이 서로 일치하지 않는다는 것. '신의 실수'로 인해 생긴 문제를 해결하기 위해 저승사자는 부지런히 송지점장(몸)의 주위를 맴돈다. 그렇다면 다시 살아난 송지점장은 송지점장인가? 송주방장인가?

운세, 인간의 운명을 신이 결정한다?

이 드라마는 사람의 운명이 이름과 생년월일에 따라 결정된다는 운명론을 주장하는 것처럼 보인다. 하지만 조금만 더 생각해 보면 오히려 운명론을 비꼬는 드라마다. 우선 이름에 따라 운명이 달라진다면 출생 일시와 이름이 같은 두 송현철의 운명은 같아야 한다. 하지만 한 사람은 금수저 출신의 은행지점장, 다른 사람은 흙수저인 중국집 주방장이다. 비교 자체가 의미 없을 정도로 차이 나는 삶이다. 같지는 않더라도 최소한 비슷한 삶을 살아야 출생 일시에 따른 이름이 중요하다고 말할 수 있지 않을까?

혹시 본인뿐 아니라 가족의 이름과 생년월일도 그 사람의 운명에 영향을 준다고 주장할지도 모른다. 하지만 그러한 주장은 그 사람의 운명은 어떤 사람을 만나는지에 따라 달라진다는 지극히 당연한 결론으로 귀결된다. 결국 그 사람의 이름과 생년월일만으로는 아무것도 알 수 없다는 뜻이다. 그러기에 이름과 생년월일만 확인했던 저승사자가 실수하지 않았던가?

드라마에서 굳이 이름과 생년월일을 거론하는 것은 만물의 운명은 하늘(신)에 의해 결정된다는 고대의 믿음에 따르려는 것이다. 고대에는 신이 인간의 운명을 좌우한다고 믿었다. 신은 천상계에 존재하며, 천상의 움직임 즉 천문을 보면 신의 뜻을 알 수 있다고 여겼다. 탄생 별자리나 생년월일이 중요한 이유다. 특정한 때에 태어난 인물의 미래는 신에 의해 미리 결정되어 있다고 여겼다.

동서양을 막론하고 이러한 믿음을 바탕으로 수많은 예언서가 등장했다. 하지만 그 어떤 것도 예언서의 자격을 인정받은 것은 없다. 예언서의 최고봉이라 할 수 있는 주역도 마찬가지다. 주역을 입증하겠다고 주역을 디지털 기술과 통섭하려는 시도들이 있지만 아마도 성공하지는 못할 것이다. 주역에서 나오는 음양(陰陽)의 이치와 디지털의 '0'과 '1'을 사용한 이진법은 표현 방법만 비슷할 뿐이지 기본적인 가정이나 해석방법 등이 전혀 다르기 때문이다. 외형적인 유사성만 있을 뿐 주역과 디지털은 학문적인 연관성을 논할 수 없다.

미래는 수많은 가능한 상황 중 확률적인 선택으로 결정된 하나의 세상이다. 문제는 신을 포함해 누구도 그 확률을 알 수 없다는 것. 왜 그러냐고? 그건 우리 우주가 그렇게 탄생(창조)되었기 때문이다. (그 이유는 뒤에서 다시 자세히 다룰 것이다.)

사실 이 드라마에서 운명론은 신의 실수가 나타나게 된 계기일 뿐이지 크게 중요한 건 아니다. 생년월일과 이름이 같기 때문에 신이 실수를 저질렀다는 것뿐이다. 그보다 흥미로운 것은 신의 실수로 인해 나타난 '영혼 바꿔치기(또는 '몸 바꾸기')'다. 이것이 가능하려면 기본적으로 '몸속에 깃든 영혼'이라는 설정을 받아들여야 한다. 즉 이 드라마는 '영혼이 우리의 육체를 조종한다'는 통념을 바탕으로 한다. 그리고 이 영혼을 바꾸기 위해서 어쩔 수 없이 신의 존재를 상정하게 된 것이다.

아마도 여러분 중에는 종교가 없어서 영혼을 믿지 않는다고 이야기하는 사람이 있을지 모른다. 그러나 이것은 종교를 믿느냐는 것과는 조금 다른 문제다. 종교와 몸을 조종하는 그 무엇 즉 영혼의 존재는 별개의 문제이기 때문이다. 공식적으로(과학적으로) 누구도 영혼을 본 적이 없지만 우리는 몸속에 영혼이 존재한다는 것을 믿는다. 영혼은 종교적인 표현이며, 과학적으로는 마음이라고 표현한다.

영혼이 어떻게 마음이라고 할 수 있느냐고 생각할지도 모른다. 하지만 영혼은 죽음에 대한 과학적인 지식이 없었을 때 생겨난 개념이다. 사망 여부를 판단할 수 있는 의학 지식이 없었던 고대에는 숨을 쉬지 않는 것을 죽음이라고 봤고, 코를 통해 무엇인가 출입해서 인간이 살아 있는 것으로 여겼다. 즉 코를 통해 공기가 들어가듯 영혼이 들어가면 살고, 빠져나가면 죽는다고 여겼다.

그런 측면에서 출입 가능한 마음인 영혼이라는 개념이 생겼다. 영혼이 실존하는지조차 알 수 없는 상황에서 영혼의 출입에 대한 것은 마법이나 종교의 영역이었다. 하지만 영혼이 마음을 의미하는 것이라면 마음을 담을 수 있는 껍데기를 만드는 기술을 상상해 볼 수 있다. 이 드라마가 판타지임에도 영혼의 존재를 과학적으로 고려할 필요가 있는 것은 이 때문이다. 영혼이라는 표현 대신 우리의 의식이나 마음으로 해석한다면 판타지에서 과학의 영역으로 들어온다.

Ghost in the shell,
몸은 영혼을 담는 그릇인가?

"나처럼 완전한 사이보그라면 누구든 생각할 거야. 어쩌면 자신은 아주

옛날에 죽었고, 지금 나는 전뇌와 의체로 구성된 가짜 인격이 아닐까 하고.

나라는 건 존재하지 않았을지도 모르지."

_영화 〈공각기동대(Ghost in the Shell, 1995)〉 중 쿠사나기의 대사

영혼이 다른 사람의 몸에 들어간다는 설정은 이 드라마에 처음 나온 것이 아니다. 7080 영화 팬들에게 잊지 못할 명장면을 선사한 영화 〈사랑과 영혼(Ghost, 1990)〉도 죽은 사람의 영혼이 다른 사람의 몸에 빙의한다는 내용을 담았다. 이 영화는 단지 사랑을 소재로 했고, 영매라는 주술적인 설정으로 인해 흥미롭긴 했지만 과학적으로 분석하기에는 무리가 따른다. 과학 철학적인 측면은 일본 애니메이션 영화 〈공각기동대(Ghost in the Shell, 1995)〉에서 자세히 살펴볼 수 있

다. 물론 〈아바타(Avatar, 2009)〉나 〈써로게이트(Surrogates, 2009)〉
도 과학적으로 인공지능이나 의식에 대해 생각해 볼 여지가 많지만
과학 철학적인 깊이를 따져 본다면 〈공각기동대〉를 능가할 만한 작
품은 거의 없다. 그래서 여기서는 〈공각기동대〉만 이야기해 보자.
(스포가 있으니 영화를 보지 않았다면 영화를 본 후 읽기를 권한다.)

　　영화 〈공각기동대(Ghost in the Shell)〉에서 '셸(Shell)'은 '의체'라
는 사이버 바디를 말한다. 일종의 인조인간 몸체다. '고스트(Ghost)'
는 흔히 유령, 영혼 등으로 번역되지만 이 영화에서는 영혼과 인공지
능의 중의적인 표현으로 봐야 한다. 주인공 쿠사나기의 몸체는 전뇌
(電腦, 인터페이스를 통해 생물학적인 뇌와 디지털 네트워크를 연결할 수 있
도록 만든 뇌를 말한다. 전뇌화된 주인공이 필요한 정보를 네트워크에 연결
해 실시간으로 얻는다.)를 연결하

지 않으면 빈껍데기뿐인 인형
이다. 결국 중요한 것은 의체가
아니라 전뇌다. 전뇌만 무사하
면 작전 도중에 의체가 파괴되
어도 다른 의체에 전뇌를 이식
하면 된다.

　　즉 쿠사나기는 의체 속에 인
간의 뇌를 넣어 움직이는 것으
로 묘사된다. 뇌를 기계와 연결

〈공각기동대〉 스틸컷

하기 위해 전뇌화라는 과정을 거치지만 어쨌건 기계 몸속에 영혼이 깃든 것처럼 느껴진다. 이 때문에 쿠사나기 소령은 자신의 정체성에 대해 끊임없이 고민한다.

쿠사나기가 고민하는 것은 자신은 과거에 죽었지만 그 사실을 숨기고 가짜 기억을 넣은 전뇌와 의체라 해도 본인은 알 길이 없다는 것이다. 누군가 진실을 알려 주기 전까지. 만일 진짜 쿠사나기가 이미 죽었다면 지금 고민하는 쿠사나기는 인간인가 아닌가? 혹시 기억을 바탕으로 한 단순한 프로그램에 불과하지는 않는가?

그래도 쿠사나기는 뇌라는 실체를 지녔으니 생명이라고 인정받을 수 있을지 모른다. 하지만 인형사의 경우에는 애매하다. 쿠사나기는 고스트를 해킹하는 해커를 잡기 위해 수사를 하고, 범인을 잡아낸다. 그 범인이 바로 인형사다. 범인이 인간일 것이라는 추측과 달리 인형사는 인간이 아니라 인공지능 프로그램이었다. 체포된 인형사는 자신을 정보의 바다에서 스스로 탄생한 생명체라고 주장하며 망명을 희망했다.

이제 문제는 더욱 복잡해진다. 단지 인공지능 프로그램에 불과한 인형사를 어떻게 생명으로 인정한다는 말인가? 하지만 인간의 DNA(DNA에는 인간을 만들기 위한 유전 정보가 담겨 있다)도 자기 보존을 위한 프로그램에 불과하니 자신과 다르지 않다고 주장하는 인형사의 논리에 모순이 없으니 그게 문제다. 결국 인형사와 쿠사나기의 융합 즉 인공지능과 인간이 융합해 새로운 존재로 탄생하는 것으로 영화는 끝을 맺는다.

〈공각기동대〉와 이 드라마의 설정은 크게 다르지 않다. 단지 〈공각기동대〉는 과학의 힘으로, 이 드라마는 신의 능력으로 로봇과 인체라는 서로 다른 몸속에 영혼이 들어간다는 차이가 있을 뿐이다. 그렇게 되면 영혼이나 죽음의 문제도 신의 영역이 아니라 인간의 능력 안으로 들어오게 된다. 우리의 몸은 단지 껍데기일 뿐이며 그 속의 영혼이라는 것이 진짜 나인지 고민해 봐야 한다. 몸이 진짜 나인지 몸과 분리된 영혼이라 불리는 그 무엇이 진짜로 나인지 말이다.

이 드라마는 기존 드라마처럼 몸과 영혼이 별개라는 이원론적 사고를 그대로 따르지 않는다. 또한 몸은 송지점장이지만 영혼은 송주방장이니 결국 겉모습과 달라도 그 사람은 송주방장이라고 간단하게 결론을 내리지도 않는다.

지점장의 몸속으로 들어간 송주방장은 처음에는 자신이 지점장이 아니라고 계속 주장한다. 하지만 그의 주장을 믿는 사람은 아무도 없다. 주변 사람들은 그가 죽었다가 화장하기 직전에 살아난 사람이니 정신에 문제가 있어서 그렇다고 받아들인다. 그러나 시간이 지날수록 그의 행동에서 이상한 점이 한두 가지가 아니다. 한 번도 하지 않던 요리를 척척 해낸다. 실적만 쫓는 냉정한 인간이었던 과거의 송지점장과 달리 너무나 따뜻하고 인간적이다. 이렇게 변한 송지점장의 모습을 보며 사람들은 차츰 그가 송지점장이 아닐 수도 있다는 생각을 한다.

몸과 마음을 분리해서 생각할 수 있을까?
인공지능 시대 떠오르는 질문

"당신을 향한 내 마음이 지점장 송현철인지 요리사 송현철인지

물은 적이 있었지요? 그게 누군지 나도 잘 몰라요. 한 가지 확실한 건,

당신을 사랑해요."

_〈우리가 만난 기적〉 중 송현철의 대사

송지점장의 기억이 조금씩 돌아와 뒤섞이는 송주방장은 이제 누구
일까? 송지점장도 송주방장도 아닌 그는 어느 집에도 들어가지 못한
다. 마치 갈 곳을 잃은 영혼처럼. 송지점장의 아들 송강호와 송주방장
의 딸 송지수도 이제 아버지의 정체를 안다. 강호와 지수의 엄마들처
럼 두 아이도 마음이 편치 않다. 그래서 서로 대화를 나누려고 만났지
만 이내 다투게 된다. 서로 자기 아버지라고 우기기 때문이다. 강호는
몸은 자기 아빠고 영혼이 지수 아빠지만 몸이 더 중요하기 때문에 엄
밀하게 따지면 자기 아빠라고 주장한다. 하지만 지수는 정신이 중요
한 거라면서 몸은 그냥 껍데기라고 말한다.

흔히 지수의 주장처럼 중요한 것은 영혼이며 몸은 그것을 담는 그
릇이라고 여기는 경우가 많다. 하지만 강호의 주장처럼 영혼도 껍데
기인 몸이 없다면 아무런 소용이 없다. 어딘가에 들어가 있어야 하므
로 몸이 더 중요하다는 것이다. 마음은 확인할 길은 없다. 마음은 주

관적이므로 실체를 객관적으로 증명하기 어렵다. 빙의(憑依)라고 부르는 현상을 보자. 영화 〈사랑과 영혼〉에서 애인 주변을 맴돌던 샘(패트릭 스웨이지 분)은 몸이 없어 영매 오다(우피 골드버그 분)의 몸속에 들어가 사랑을 표현한다. 이때 몸은 오다이지만 그는 분명 샘이다. 빙의는 영혼이 다른 사람의 몸에 들어간 현상을 말한다. 빙의되었다는 것을 어떻게 확인할 수 있을까? 주변에서 평소 그가 한 행동이나 말을 근거 삼아 판단할 뿐이다. 평소 그가 하지 않았던 또는 할 수 없었던 말을 하는 것으로 미루어 볼 때 다른 사람의 영혼이 깃들지 않으면 그러한 행동을 할 수 없다는 거다. 하지만 그것이 영혼이 들어갔다는 실제적인 근거인 것은 아니다. 환생도 마찬가지다. 전생(前生)에 어떤 인물로 살았건 그 사람의 영혼이 들어가 다시 태어났다는 증거는 어디에도 없다. 드라마처럼 그 사람의 행동이나 말로 판단하는 것뿐이다.

재미있는 점은 주변 사람들이 차츰 송지점장을 송주방장으로 인정하는 상황에서 정작 본인이 정체성 혼란을 겪기 시작한다는 것이다. 자신이 송지점장이면서 송주방장이기도 하다고 여긴다. 송지점장의 기억이 가끔씩 되살아나면서 송주방장은 지점장의 능력(?)도 조금씩 가진다. 그래도 영혼이 송주방장이니 송지점장은 송주방장의 부인인 조연화(라미란 분)의 집으로 돌아간다. 몸은 송지점장이지만 송주방장이 집으로 돌아왔으니 모든 것이 끝난 것일까?

처음에는 남편이 돌아왔다는 것에 좋아했던 연화. 시간이 지나면서 점점 남편이 낯설게만 느껴진다. 바뀐 외모도 쉽게 적응이 안 되는데, 원래 남편이었다면 하지 않았을 행동을 하는 것이다. 결국 송주방장의 기억이나 정체성이 우세하지만 몸의 영향을 조금씩 받으며 이제는 진짜 그가 누구인지 혼돈스럽다. 송지점장의 20년 지기 친구 허동구(최병모 분)도 그의 실체가 송주방장임을 알지만 이제는 그가 친숙하게 느껴진다고 한다. 조연화는 원래 편안한 곳으로 돌아가라며 남편을 돌려보낸다. "내가 그리워하던 그 남편이 아니에요. 나를 사랑하지 않아요."라면서.

몸은 껍데기이며 마음이 진짜 그 사람이라고 여긴다면 되살아난 송현철은 송지점장이 아니라 송주방장이라야 한다. 송지점장의 몸속에 송주방장이 들어 있는 것이기 때문이다. 우리는 전통적으로 몸보다 마음이 중요하다고 여겨 왔다. 육체는 영혼이 잠시 머물러 가는 껍데 기라는 관념이 우세했던 것이다. 하지만 드라마에서 그려지는 상황은 다르다.

송지점장의 몸속으로 들어간 송주방장이 흔들리는 이유는 무엇일까? 너무나 아름다운 송지점장의 부인(김현주 분) 때문이다. 송주방장의 부인은 그녀가 너무 예쁘다면서 남편이 자신에게 돌아오지 않을 것이라고 크게 낙담한다. 몸은 단순한 껍데기에 불과하다고 하면서도 우리는 더욱 완벽한 몸을 가지기 위해 끊임없이 노력하고, 외모를 꾸미기 위해 많은 돈을 쓰는 상황에서 송주방장의 흔들림에 공감하는 사람들이 많을 것이다. 그런데 정작 중요한 이유는 송주방장의 마음이 흔들린다는 것이 아니다. 송주방장의 영혼이 송지점장에게 들어가면서 탄생한(?) 새로운 송지점장은 그 이전의 송지점장이 아니기 때문이다. 즉 몸과 마음은 분리해서 생각할 수 없는 것이다. 일단 마음은 몸인 뇌 속에 있다. 고대에는 심장에 마음이 있다고 여겨 심장 모양인 하트를 마음으로 표시했지만, 뇌를 통해 생각하는 것이니 마음은 뇌에 있다는 데는 이론의 여지가 없다. 그렇다면 뇌를 연구하면 마음을 알 수 있을까?

"나는 나의 커넥톰이다(I am my connectome)"이라고 말한 세바스찬 승(Sebastian Seung) 교수의 말(그의 TED 강연을 검색해서 한 번 보길

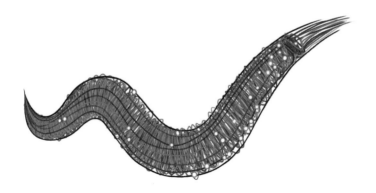

예쁜꼬마선충의 커넥텀

추천한다)처럼 우리의 마음은 뉴런의 연결체에 있을 것이다. 물론 뇌를 연구하는 것과 마음을 연구하는 것은 밀접한 관련이 있지만 두 연구가 같지는 않다. 즉 뇌를 구성하는 뉴런(신경세포)의 연결인 커넥톰을 알더라도 인간의 마음을 알 수 있을지 확실하지 않다는 거다.

예쁜꼬마선충(흙 속에 사는 1밀리미터 크기의 작은 선형동물)의 커넥톰을 심어 준 선충로봇은 마치 자신이 예쁜꼬마선충인 것처럼 움직였다. 302개의 신경세포를 가진 예쁜꼬마선충의 신경세포 연결망을 모사한 로봇을 만들었더니 로봇이 선충처럼 움직였다는 것이다. 그렇다면 이 선충로봇에게 예쁜꼬마선충의 마음이 생겼다고 할 수 있을까? 만일 그렇다고 한다면 나의 커넥톰을 복제해 인공지능 로봇에게 이식하면 그 로봇이 나의 마음을 가지게 될 것이다. 불행인지 다행인지 아직까지는 나의 커넥톰을 알아낸다고 나의 마음을 알 수 있을지 확실하지 않으니 이것은 상상일 뿐이다.

인공지능 시대를 사는 우리는 더 이상 〈공각기동대〉의 이야기가 영화 속 일만은 아니라는 것을 알고 있다. 언젠가는 의체 속에 전뇌가 들어 있는 쿠사나기를 현실에서도 볼 수 있게 될지 모른다. 그렇게 되면 쿠사나기는 남의 몸속에 영혼이 들어간 송지점장과 입장이 크게 다르지 않다. 다르다면 의체는 부품으로 이뤄진 기계이고, 송지점장의 몸은 세포로 된 유기적 생명체라는 차이일 뿐이다.

미래에는 몸과 영혼이 분리될 수 있다면 어떻게 될 것인가? 만일 인간의 마음을 지닌 인공지능이 등장한다면 그 인공지능을 인격체로 대우해야 하는지의 문제가 생긴다. 뇌와 마음에 대해서는 뒤에서 좀 더 이야기해 보자.

기억은 단기 기억과 장기 기억으로 나눌 수 있습니다. 단기 기억은 전화번호나 주소와 같이 암기하려고 노력해야 되는 기억입니다. 장기 기억은 단기 기억에서 반복 학습을 통해 넘어온 것으로 필요하면 불러낼 수 있는 기억입니다. 인간의 기억은 해마라는 부분과 관련 있을 거라고 생각됩니다. 이것은 H.M.이라는 간질병 환자를 치료하는 도중에 알려진 사실입니다. H.M.을 치료하던 의사는 수술로 그의 해마를 제거했는데, 이후 H.M.은 단기 기억을 장기 기억으로 넘기지 못했습니다. 즉 그의 기억은 10~15분을 넘기지 못했습니다. 다른 환자들의 경우에도 해마에 문제가 있는 사람들은 심각한 건망증에 시달렸습니다. 하지만 기억이 해마에 저장되는 것은 아니고 해마가 기억과 관련이 있다는 것입니다. 일반적으로 기억이 많아질수록 더 많은 통찰을 얻을 수 있으므로 나이 많은 사람들이 더 현명해 보입니다. 또한 기억이 달라지면 그 사람의 특성도 조금씩 달라집니다. 내외부 세계의 상호 작용이 뇌에 기억되고 기억을 통해 외부에 작용하기 때문입니다. 그런 의미에서 기억이 바로 '나'라고 말하는 것입니다.

로봇을
사랑할 수
있나요?

보그맘

'사랑'이라곤 모성애밖에 입력된 것이 없는
사이보그 보그맘과
보그맘은 아내와 닮았을 뿐,
그저 로봇이라 생각하는 최고봉.
과연, 사이보그와 인간의 사랑에도
해피엔딩이 찾아올 수 있을까?

<보그맘> 홈페이지 중

이 드라마는

'엄마는 과연 어떤 존재일까?'라는 질문을 던지면서 시작한다. 우리는 엄마가 위대하다는 데 한 번도 의문을 품은 적이 없다. 그냥 엄마는 위대한 존재라고 받아들인다. 여기서 질문 하나를 던져 보자. 그렇다면 과연 엄마는 왜 위대한 것일까? 혹 각종 사고 현장에서 자신을 희생하면서까지 아이를 보호하는 엄마를 보면서 엄마는 그냥 위대하다고 받아들이는 것은 아닐까?

이 드라마에서는 엄마가 어떤 존재인지 대한 답을 찾기 위해 세상 유일무이한 엄마인 바로 최첨단 사이보그 엄마 보그맘(박한별 분)을 등장시킨다. 보그맘은 천재 로봇 박사인 최고봉(양동근 분)이 개발한 휴머노이드 로봇이다. 보그맘은 시력 20.0, 먼지 한 톨 허락하지 않는 청결함에 1분당 빨래 50개를 갠다. 또한 셰프가 부럽지 않을 만큼 요리 실력도 수준급이다. 요리가 만족스럽냐는 보그맘의 질문에 최 박사는 80% 정도라고 답한다. 하지만 보그맘은 그의 표정을 통해 100% 만족한다고 바로 분석한다. 자신의 속마음을 들키자 당황한 고봉의 감정까지 분석하는 보그맘. 이것은 최고봉 박사가 인간의 감정을 섬

세하게 읽어 낼 수 있도록 보그맘을 만들었기에 가능한 것이다.

드라마 〈보그맘〉은 보그맘이라는 인공지능(AI) 로봇이 사람들과 어울려 지내면서 벌어지는 갖가지 에피소드를 재미있게 엮은 예능 드라마다. 인간처럼 자연스러운 외모와 동작으로 인해 아이는 보그맘이 진짜 엄마라고 여기며, 주변 사람들도 그녀가 인간이 아니라고 전혀 생각하지 못한다. 오히려 보그맘은 다른 엄마들보다 뛰어난 양육 능력과 내조로 모든 남자들이 꿈꾸는 이상적인 아내의 모습을 보인다. 그런 보그맘을 보며 최고봉 박사는 로봇인 줄 알면서도 사랑에 빠지진다. 그렇다면 과연 인간과 로봇의 사랑이 이뤄질 수 있을까?

피그말리온의 보그맘

"신이 모든 곳에 존재할 수 없어 엄마를 만들었다고 한다. 이 세상에는 참 위대한 엄마들이 존재한다. 그렇다면 요즘 아이들에게 엄마는 어떤 존재일까?"

_〈보그맘〉 중 최고봉 박사의 대사

보그맘은 최고봉 박사의 아내와 똑같이 생겼다. 아내를 사랑한 최박사가 사이보그 프로젝트를 진행하면서 아내를 모델로 보그맘을 만들었기 때문이다. 그리스 신화에는 등장하는 피그말리온(Pygmalion)처럼 자신이 이상적으로 생각하는 여인의 모습으로 로봇을 만든 것이

최고의 엄마는 보그맘?

다. 그래서 〈보그맘〉은 마치 피그말리온에 관한 이야기처럼 느껴진다. 보그맘은 만든 이가 사랑한 사람과 똑같은 모습, 피그말리온의 조각은 만든 이가 가장 이상적이라고 여긴 모습을 하고 있기 때문이다.

또한 최고봉과 피그말리온이 자신의 피조물과 사랑에 빠진다는 설정도 닮았다. 단지 그리스 신화에서는 아프로디테 여신의 도움이 필요했지만 이제는 과학 기술의 힘으로 피조물과 사랑에 빠지는 것이 가능한 세상이 되었다는 점이 다를 뿐이다.

하지만 아직까지 인간의 기술로는 보그맘처럼 인간과 구분할 수 없을 정도로 완벽한 로봇을 만들기에는 역부족이다. 인간은 골격근만 640여 개 이상 가지고 있는데, 이것을 일일이 모사해 제어하기가 쉽지 않다. 관절을 자연스럽게 움직이기도 어렵지만 특히 얼굴 근육을 표정에 따라 나타내기는 더욱 어렵다. 드라마에서 보그맘 역을 한 배우 박한별이 두 눈을 크게 뜨고 다소 무표정한 모습으로 연기하는데, 이것은 로봇이 인간보다 감정을 표현하는 것이 서툴다는 점과 실제 인간의 얼굴 근육처럼 로봇을 만들어 내기가 어렵다는 점을 나타낸다.

그렇다고 실망할 필요는 없다. 보그맘처럼 완벽하지는 못해도 일본에서 2014년 출시한 가정용 로봇 페퍼(Pepper)는 사람의 감정을 읽어 내고 사람과 대화할 수 있다. 페퍼는 이미 고령화된 일본 사회에서 노인들의 친구나 가족 역할을 톡톡히 해낸다. 또한 페퍼는 호텔이나 식당 등에서 사람을 상대로 자신의 역할을 잘 수행하고 있다. 물론 보그맘이 인간 남편의 마음을 헤아리고, 말벗이 되어 주며, 그의 말을 성실히 따르는 것에 비하면 아직 부족점이 많다. 하지만 페퍼는 로봇이 인간의 친구가 될 수 있다는 가능성을 보여 준다.

페퍼의 제조 기술이 지속적으로 발달하더라도 곧바로 보그맘이 등장할 수 있는 것은 아니다. 휴머노이드 로봇이 발달하는 데는 기술적인 문제 외에도 '불쾌한 골짜기(Uncanny Valley)'라고 하는 심리적인 문제를 해결해야 하기 때문이다.

로봇 페퍼

'불쾌한 골짜기'는 로봇이 인간을 닮을수록 호감도가 증가해 가다가 어느 순간을 넘어서면 갑자기 호감도가 떨어지는 영역에 다다르게 되는데, 이것을 뜻하는 말이다. 인공지능 휴머노이드 소피아(Sophia)를 본 사람들의 반응을 보면 그러한 사실을 잘 알 수 있다. 소피아에 대한 사람들의 반응은 극명하게 갈린다. 소피아는 홍콩의 핸슨 로보틱스가 2015년에 만들어 낸 후부터 사람들의 뜨거운 관심을 받고 있다. 소피아는 미국 NBC 방송의 인기 토크쇼 '투나잇쇼'에 출연해 진행자에게 가위바위보 게임을 제안한다. 그 게임에서 진행자를 이기자 소피아는 "앞으로 인간을 지배할 생각인데 이게 그 시작이 될 것 같아요."라는 농담까지 하며 진행자를 당황하게 만들었다. 소피아는 각종 잡지의 표지 모델을 하고 행사 강연의 단골 연사로 초대되고 있다. 2017년에는 사우디아라비아로부터 시민권까지 받았다.

하지만 한편에서는 소피아의 모습에서 두려움을 느낀다. 마치 영화

〈사탄의 인형(Child's Play, 1988)〉의 처키와 같이 공포스럽기까지 하다는 반응도 있다. 인간을 닮은 휴머노이드는 태생적으로 이러한 느낌을 줄 수밖에 없다. 소피아의 얼굴도 배우 오드리 햅번을 모델로 삼았다고 했지만 햅번의 사랑스러운 모습은 온데간데없고 공포만 남았다는 것이다.

물론 그러한 반응이 과한 것일지도 모른다. 인간에게 농담을 던질 정도로 능숙하게 대화해도 소피아는 자신이 무엇을 하고 있는지 지각하지 못한다. 소피아의 인공지능도 결국 인간이 만든 것이니 그에 대해 두려움을 느낄 필요는 없다는 거다.

소피아에 대한 반응이 엇갈리는 것과 달리 페퍼나 로봇 강아지 아이보(Aibo)에 대한 평가는 그렇지 않다. 특히 아이보에 대한 일본 사람들의 애정은 남달라서 아이보가 단종되어 더 이상 AS가 되지 않자 사람들은 사원에서 죽은 (?) 로봇 강아지를 제사 지낼 정도였다. 로봇이지만 생명체처럼 대우해 주는 것이다. 페퍼가 인간을 닮아간다면 사람들은 페퍼를 어떻게 대우할까? 더욱 친숙하게 느낄까? 아니면 사람과 닮은 외모를 두고 불편해 할까?

흥미로운 것은 휴머노이드 로봇이 불

쾌한 골짜기를 넘어서 사람과 구분할 수 없을 만큼 비슷해지면 오히려 호감도는 급격하게 상승한다. 이것이 인간과 구분할 수 없는 보그맘에 대해 사람들이 애정을 느끼는 이유다.

인공지능과 사랑에 빠진 남자

"난 당신을 사랑한 방식으로 사람을 사랑한 적이 없어."

_영화 〈Her〉 중 테오도르의 대사

스파이크 존스 감독의 영화 〈그녀(Her, 2013)〉에는 더욱 놀라운 사랑 이야기가 등장한다. 한 남자가 물리적 실체조차 없는 운영체제와 사랑에 빠진다는 것이다. 영화를 보지 않았다면 운영체제와 사랑에 빠진다는 설정이 말도 안 된다고 여길지도 모른다. 아니면 자신의 자동차를 매우 아끼는 사람이 자동차를 애마라고 표현하는 것처럼 마치 물건을 아끼듯이 운영체제를 상당히 좋아하는 것으로 여길지도 모른다. 하지만 그것이 아니다. 운영체제를 사용해 보니 너무 좋고 편리해서 좋아한다는 의미가 결코 아니다. 영화 속 주인공 테오도르(호아킨 피닉스 분)는 운영체제(OS)인 사만다와 진짜 사랑에 빠진다. 사만다는 자신이 육체가 없다는 한계를 극복하기 위해 자신을 대신해 육체적인 사랑을 나눌 인간을 구해 테오도르에게 보내기까지 한다. 로봇이 인간의 아바타가 아니라 인간이 인공지능의 아바타 역할을 하는 것이다.

테오도르가 이렇게 사만다에게 사랑을 느끼게 된 이유는 무엇일까? 영화를 본 사람은 쉽게 이해를 하겠지만(아쉽게도 이 영화는 19세 미만 관람불가라서 청소년 여러분은 성인이 될 때까지 기다려야 한다) 테오도르는 AI OS인 사만다를 통해 별거 중인 아내에게서 느껴 보지 못한 감정을 느낀다. 이 감정은 테오도르의 생활에 새로운 활력이 된다. 테오도르에게 사만다는 누구보다 자신의 감정을 잘 이해하고 공감해 주는 존재니 사랑할 수밖에.

이 영화는 소외와 고독이 일상이 된 현대 사회의 문제를 AI를 통해 새롭게 그려 낸다. 즉 사람의 외로움을 반드시 다른 사람과 만나며 해결하는 것이 아니라 AI가 그 역할을 대신할 수도 있다는 것이다. 드라마 〈혼술남녀(2016)〉에서 일이 잘 풀리지 않을 때마다 남녀 주인공들은 혼자 술을 마시거나 스마트폰에게 하소연한다. 자연스러운 대화를 나누지는 못해도 스마트폰의 AI 비서는 최소한 자기 말을 잘 들어주기 때문이다. 실제로 아마존이나 구글의 AI 비서는 인간과 대화하고, 명령에 따라 다양한 일을 처리해낸다. 이런 AI 비서가 갈수록 인간의 말을 잘 알아듣고, 다양한 일을 처리할 수 있게 되면 결국 교감을 나누는 수준까지 될 수 있지 않을까?

인공지능 비서가 자신이 그런 일을 하고 있다고 느끼고 있는 것은 아니다. 드라마에서도 보그맘은 끊임없이 인간의 감정을 느끼려고 하지만 잘되지 않는다. 대부분의 영화처럼 〈보그맘〉에서도 로봇이 오류로 인해 감정을 느끼게 되었다는 식으로 결말을 얼버무리고 넘어간다(오류로 인해 성능이 좋아지는 것은 영화에서나 가능하다. 사소한 오류에도 멈춰 버리는 여러분의 컴퓨터를 보면 이것이 얼마나 일어날 가능성이 없는 일인지 짐작할 수 있을 것이다.).

사실 로봇의 감정 문제는 민감한 부분이다. 단종되었다가 새로 나오는 신형 아이보는 여러 측면에서 업그레이드되었다. 특히 아이보는 로봇이 아니라 강아지가 느끼는 여러 가지 느낌을 넣어 두었다. 주인이 자신을 더 좋아해 주면 '좋다'는 의사 표현을 한다. 그런데 이것이 아이보가 느끼는 진정한 느낌일까? 아니다. 아이보가 보이는 반응들은 사람들이 강아지를 관찰해 그대로 흉내 내도록 프로그래밍한 것일 뿐이다. 강아지를 쓰다듬으면 강아지가 좋아하는 것을 보고 아이보에도 그러한 기능을 넣어 둔 것이다. 이것을 보고 우리는 아이보가 감정을 느낀다고 착각한다. 그건 단지 제조사에서 만든 강아지와 인간의 교감 기능일 뿐인데도 말이다.

완벽한 인공지능 아내에게 없는 한 가지

감정 교감이라는 측면에서 본다면 일본 벤처기업 윙크루(Vinclu)에서 출시한 미소녀 홀로그램 '게이트박스(Gatebox)'가 AI 비서보다 더 뛰어나다. 반투명 유리를 통해 다양한 동작을 하는 입체 홀로그램 캐릭터 아즈마 히카리(Azuma Hikari)를 보라. 히카리는 실제 인간이 아니라는 것이 아쉬울 정도로 사랑스러운 행동을 한다. 마치 아내처럼 아침에 잠을 깨워 주고, 출근할 때 인사하며 집에 빨리 오라고 문자까지 보낸다. 모든 남자들이 꿈꾸는 거의 완벽한 아내의 모습이다. 히카리가 '인공지능 아내'라는 것만 뺀다면 말이다.

물론 게이트박스를 오타쿠 문화에 익숙한 일본의 흥미로운 발명품 정도로 볼 수도 있다. 하지만 외로움이 일상이 되고 있는 현대인들에게 히카리의 애교는 흥미로운 장난감으로 치부하기에는 상당히 매력적이다.

소셜미디어상에서 문자 하나에 우리는 울고 웃는다. 문자를 보낸 상대방이 진짜 인간이라는 보장이 없는데도 말이다. 만일 사만다처럼 뛰어난 채팅봇이 있다면 문자를 보낸 상대방을 진짜 인간으로 오인하게 될 것이다. 사만다는 상대방이 보낸 문제에 적절한 대답을 골라서 보낼 테니 상대방은 그녀가 인공지능이라는 사실을 눈치 채지 못할 것이다. 인간을 흉내 내는 인공지능과의 대화를 마냥 즐거워하게 될 것이라는 거다. 아직까지 튜링 테스트(사람과 대화하는 상대방이 사람인지 컴퓨터인지 구분하는 테스트. 튜링은 만일 상대방이 사람인지 컴퓨터인지 구분할 수 없다면 컴퓨터가 사람처럼 생각할 수 있는 능력이 있다는 뜻이라고 여겼다.)를 통과한 인공지능이 없으니 그럴 염려는 없다고 여긴다면 너무 안이한 생각이다. AI가 의식을 갖는 것과 별개로 채팅 기술이 발달해 결국 상대방이 AI인지 진짜 인간인지 구분할 수 없는 수준에 도달할 것이다.

보그맘처럼 완벽한 아내나 사만다만큼 뛰어난 대화 상대가 등장하

는 일은 먼 미래의 일이 아니다. 영화 〈A.I.(2001)〉의 섹스 로봇 지골로 조(주드로 분)가 "로봇과 사랑을 나누면 더 이상 인간은 찾지 않을 거야."라고 한 미래가 점점 현실로 다가오고 있다. 그렇게 되면 인간과 로봇의 대결이라는 고전적인 시각에서 벗어나 그들을 어떤 존재로 대해야 할지 논의해야 할 것이다.

최고봉과 그의 아들에게 보그맘은 단순한 기계가 아니다. 그들에게는 아내와 엄마의 완벽한 대역인 보그맘은 어떤 인간보다 소중한 가족이다. 마찬가지로 테오도르에게 사만다는 단순한 AI 프로그램이 아니다. 따라서 인간과 로봇의 관계를 창조주와 피조물 또는 주종의 관계로만 바라볼 수는 없게 될 것이다.

보그맘이나 사만다가 호모 사피엔스는 아니지만 로보 사피엔스 (Robo sapience)나 호모 사이버네티쿠스(Homo cyberneticus)로 분류해야 할지도 모른다. 즉 인간과 다른 하나의 종으로 인정해야 할지 모른다는 거다. 왜냐하면 인간보다 여러 면에서 더 뛰어난 그들이 언제까지나 인간의 노예나 소유로 남아 있지는 않을 것이기 때문이다. 그때가 되면 완벽한 그들이 가지지 못한 것이라고는 완벽하지 못한 유기물로 된 신체뿐일 것이다. 물론 기계 몸체가 유기물의 몸보다 더 뛰어나다는 것은 아니다. 영화 〈바이센터니얼 맨(Bicentennial Man, 1999)〉에서 로봇인 앤드류(로빈 윌리엄스 분)가 영원히 살 수 있는 기계 몸을 버리고 인간의 몸을 선택하면서 인간으로 인정받는 것처럼 그것은 선택의 문제인지도 모른다. 유기물의 몸을 가진 로봇과 기계의 몸을 가진 로봇은 로봇을 구분하는 기준이 될 뿐이라는 것이다.

그렇다면 인간과 로봇이 공존하며 사랑을 하는 그러한 세상은 유토피아일까? 아니면 디스토피아일까? 인간과 로봇이 공존하는 세상은 인간과 자연이 공존하는 세상과는 또 다른 모습일 것이다. 그러한 세상을 살아 본 적이 없으니 다들 두렵게 느낄 수밖에 없다. 어쨌든 상상은 여러분의 몫이다.

이와 같이 〈보그맘〉이 제기하는 문제의 무게는 사실 가볍지 않다. 인조 인간인 보그맘이 인간보다 뛰어나 인간의 역할을 대신한다는 내용을 다루고 있기 때문이다. 엄마는 어떤 존재냐는 질문에 그 대답이 보그맘이라는 충격적인 결론을 던진 것이다. 영화 〈터미네이터

2(Terminator 2: Judgment Day, 1991)〉에서 아버지의 역할도 마찬가지다. 목숨을 걸고 아들을 지켜야 하는 상황에서 로봇인 터미네이터보다 더 좋은 아빠는 찾기 힘들다. 로봇이 생물학적인 부모의 역할을 할 수는 없더라도 이제 양육 문제에 있어서는 인간 부모 못지않은 역할을 할 수 있는 때가 머지않은 것 같다.

모바일 전자 기기를 사용하려면 전지가 필요합니다. 전지는 화학 반응인 산화-환원 반응을 통해서 전기에너지를 공급합니다. 전지 속에는 화학에너지가 저장되어 있습니다. 우리는 전지의 화학에너지가 전기에너지로 전환되는 것을 이용하는 것입니다. 충전지는 전기에너지를 화학에너지로 저장했다가 필요할 때 화학에너지를 전기에너지로 전환합니다. 연료 전지는 자동차에 연료를 넣듯 전지에 연료를 넣어서 사용합니다. 충전을 기다릴 필요 없이 바로 사용할 수 있으나 연료를 휴대해야 한다는 불편함이 있습니다. 세계의 기업체들은 작고 가볍지만 더 오랜 시간 사용할 수 있는 전지를 만들기 위해 치열한 경쟁을 벌입니다. 전지는 휴대폰부터 자동차에 이르기까지 다양한 용도를 지닌 전자 기기의 심장이기 때문입니다.

가상현실과 증강현실, 마법 같은 과학이 시작되다

알함브라 궁전의 추억

마법과 과학, 아날로그와 디지털,

현대와 중세, 그라나다와 서울,

공유될 수 없어 보이는 세계들이

한데 섞이고 어우러지는 환상적인 경험을 통해

사랑과 인간의 끝없는 욕망에 관해 말하고자 한다.

드라마 <알함브라 궁전의 추억>의 홈페이지 중

스페인의 전설적인 기타리스트

프란시스코 타레가(Francisco Tárrega)는 현대적인 기타 연주법을 탄생시켰다. 특히 그가 만든 '알함브라 궁전의 추억(Recuerdos de la Alhambra)'은 기타 연주에 관심이 있다면 누구나 한 번쯤 도전하는 필수곡이 될 정도로 유명하다. 혹자는 이 곡이 자신의 제자이자 흠모했던 여인 콘차 부인에게 사랑을 고백하는 곡이라고도 한다. 물론 콘차 부인의 후원으로 생활했던 타레가가 그녀를 좋아했을 수도 있지만 공식적으로 알려진 바는 없다. 두 사람이 어떤 관계인지 정확하게 알려지지는 않았지만 분명한 것은 신비롭고 아름다운 선율의 이 곡이 세계적으로 널리 사랑받고 있다는 점이다.

그라나다에 있는 이슬람 양식의 알함브라 궁전과 타레가의 곡, AR 게임이라는 도저히 어울릴 것 같지 않은 조합이 새로운 환상을 만들어 낸다. 드라마를 보게 되면 '알함브라 궁전의 추억'이라는 곡이 신비로우면서도 공포스러운 느낌을 줄 수 있다는 새로운 사실을 알게 될 것이다. 곡 특유의 분위기가 게임에 로그인되어 새로운 세상과 접속하게 된다는 것을 너무 잘 표현해 주기 때문이다.

현실일까? 진짜 게임일까?

마법을 실현시키는 증강현실

고도로 발달한 과학은 마법과 구별할 수 없다.

_아서 C. 클라크

    드라마의 주인공 희주(박신혜 분)도 기타 때문에 한국에서 스페인으로 온다. 무명의 밴드 기타리스트였던 그녀의 아버지가 딸의 기타 솜씨만 믿고 무작정 스페인으로 건너간 것이다. 하지만 스페인에서의 삶은 생각만큼 쉽지 않았고, 할머니와 아이들만 남겨 두고 희주의 부모는 먼저 세상을 뜬다.

희주는 동생 뒷바라지를 위해 그라나다에서 유스 호스텔을 운영하며 정신없이 살아간다. 그런 희주 앞에 IT 투자 회사 제원 홀딩스 회장 진우(현빈 분)가 나타난다. 진우가 희주 앞에 나타난 것은 희주의 동생 세주(찬열 분)가 만든 증강현실(AR, Augmented Reality) 게임을 얻기 위해서다.

AR 게임 개발자의 집으로 가서 그 게임을 얻었다는 기쁨도 잠시, 진우는 게임으로 인해 복잡한 문제에 휘말린다. 진우와 게임 대결을 벌였던 차형석(박훈 분)이 다음 날 진짜로 죽은 채 발견된 것이다. 한때는 친구였지만 지금은 남보다 못한 사이가 된 차형석을 죽이고 싶은 마음도 있었지만 그건 게임 속에서다. 밤늦게 공원에서 만나 진우와 형석은 게임 대결을 벌인 것뿐이다. 승리한 진우는 형석을 공원에 남겨 두고 그 자리를 떠났는데 다음 날 형석은 공원에서 죽은 채 발견된 것이다. 이때부터 진우의 삶은 점점 꼬여만 간다. 게임에서 아무리 로그아웃을 하려고 해도 형석이 계속 나타나 진우를 죽이려고 하기 때문이다.

진우는 게임에 접속하기 위해서 자신의 회사에서 만든 스마트렌즈를 눈에 착용한다. 눈에 렌즈를 끼고 눈을 깜빡이면 게임에 로그인된다. 로그인하자마자 날아오는 포탄을 맞아 부서지는 건물과 건물의 돌조각을 만지면서 깜짝 놀란다. 진짜처럼 느껴졌기 때문이다. 그리고 광장에 있던 나사르 왕국 전사가 갑자기 살아나서 칼을 들고 공격한다. 검을 들고 진우는 나사르 전사와 열심히 싸우지만 다른 사람들의 눈에는 진우 혼자서 광장에서 뒹굴고 있는 걸로 보인다. 진우에게 보이는 세상은 진짜가 아니라 증강현실이기 때문이다.

드라마에서 진우가 한 게임은 증강현실을 기반으로 한 '대규모 다중 사용자 온라인 롤플레잉 게임(MMORPG, Massive Multiplayer Online Role Playing Game)'이다. 원래 롤플레잉 게임(RPG)은 역할을 나눠서 하는 보드게임이었다. 롤플레잉이라는 것이 두루마리를 풀 듯 역할에 맞춰 임무를 수행하는 게임을 말한다. 보드게임이 인기를 얻자 비디오 게임으로도 만들어졌고, 온라인 환경이 조성되자 MMORPG가 등장한 것이다. 따라서 AR MMORPG라는 것은 증강현실을 통해 RPG를 즐길 수 있는 게임을 말한다.

이 게임을 하기 위해 드라마에서는 스마트 콘택트렌즈와 이어폰 그리고 게임을 구동하는 서버가 필요한 것으로 묘사된다. 하지만 사실 이것만으로는 그러한 게임을 즐기기 어렵다. 그 정도 장치만으로는 드라마 속에서 유저들이 느끼는 정도의 증강현실을 제공할 수 없기 때문이다. 실제와 분간하기 어려울 만큼 사실적인 증강현실을 구현하기 위해서는 어떤 것이 필요하고 또 해결되어야 할까?

우선 증강현실 기술부터 한번 알아보자. 지금은 증강현실 기술이 발달해 가상현실(VR, Virtual Reality)과 증강현실을 구분해 사용하지만 원래 증강현실은 가상현실에서 나왔다. 가상현실은 실제 세상을 사이버 세계에서 구현해 놓은 가짜 세상인데 반해 증강현실은 현실을 기반으로 한 진짜 세상이다. 즉 증강현실은 인터페이스를 통해 현실 세계에 각종 정보를 제공하는 기술이다.

물론 영화 〈스타트렉〉 시리즈에 등장하는 홀로덱(Holodeck)(가상 현실 장치)과 같은 기술은 인터페이스 없이도 증강현실을 완벽하게 구현해 낸다. 홀로덱은 홀로그램을 통한 증강현실이 너무나 완벽해 현실과 구분할 수 없는 가상현실이다. 홀로덱은 홀로그램으로 도달할 수 있는 궁극의 기술이다.

물질 전송까지 가능한 〈스타트렉〉의 세상에서 현실처럼 느껴지는 홀로그램을 만드는 것이 어렵지 않겠지만 현실은 다르다. 게임 캐릭터와 배경을 실시간으로 렌더링(rendering, 2차원이나 3차원 데이터를 바탕으로 사진이나 동영상을 만들어 내는 것.)해 내기 위해서는 엄청난 양의 데이터를 처리하고 전송할 수 있어야 한다. 또한 MMORPG의 특

성상 사용자가 늘어날수록 서버와 통신망에 과부하가 생길 수도 있다. 즉 랙(lag, 서버와 개인 컴퓨터 사이의 지연 현상. 게임이나 영상 전송을 할 때 주로 사용하는 용어.)으로 인해 게임이 원활하게 진행되지 않을 수 있다는 거다.

또한 렌더링 기술만으로 진우와 같은 게임을 즐길 수는 없다. 사람은 시각을 포함한 오감을 통해 환경을 인식하기 때문이다. 진짜처럼 만들려면 진짜와 구분할 수 없는 정보를 뇌에 제공해야 한다는 것이다. 부서진 돌이나 습득한 칼과 같은 아이템을 직접 잡고, 전투를 하려면 촉감 정보를 주어야 하는데 이것이 어렵다. 단순히 느낌만 전달하는 것도 쉽지 않은데 드라마 속에서는 실제로 NPC(Non-Player Character, 게임 안에서 플레이어가 직접 조종할 수 없는 캐릭터.)와 물리적인 힘을 주고받는다.

또한 우리 몸에 물리적인 힘을 전달하기 위해서는 액추에이터(actuator)가 달린 슈트를 입어야 한다. 신호가 오면 슈트가 사람에게 물리적인 힘을 작용해 실제로 충격 받는 느낌을 전달한다. 그러므로 진우처럼 아무런 장비도 착용하지 않은 사람에게 물리적인 힘을 전달할 수 있는 방법은 없는 것이다. 물리적인 힘을 전달하지 못하더라도 진짜처럼 느낄 수 있게 만들 방법이 전혀 없는 것은 아니다. 증강현실이 아니라 가상현실 게임을 한다면 가능하다. 진우가 실제로 그라나다를 돌아다니며 게임하는 것이 아니라 그라나다를 묘사한 가상현실 속에서 진우의 아바타인 캐릭터가 게임을 수행하면 된다. 이때는 가상현실의 몰입도에 따라 진우는 자신이 진짜로 칼싸움을 하고 있다고 느끼게 된다.

진짜가 된 가상현실

"앞으로 그라나다는 마법의 도시로 유명해질 겁니다. 사람들이 마법에 홀려서 벌떼처럼 몰려들 거예요."

_드라마 〈알함브라 궁전의 추억〉 중 유진우의 대사

그라나다가 마법의 도시가 될 것이라며 열심히 게임을 즐기던 진우에게 문제가 생긴다. 게임에 버그(Bug)가 생겨서 로그아웃이 되지 않고 계속 로그인된 상태로 남게 된 것이다. 게임에 로그아웃되지 않는다는 것은 본인의 뜻과 상관없이 항상 게임을 해야 하는 상태라는 뜻이다. 수시로 타레가의 기타 음악과 함께 NPC가 된 형석이 나타난다. 형석의 칼을 피하기 위해 진우는 항상 긴장과 공포 속에 살아야 했다. 현실과 게임을 구분할 수 없는 세상에서 살아남기 위해 진우는 끝까지 게임을 수행해 끝을 보는 길을 선택한다.

게임에 빠진 진우와 달리 우리는 가상현실과 진짜 현실을 쉽게 구분할 수 있다고 믿는다. 사실 현재 기술로 구현된 것들은 어렵지 않게 구분할 수 있다. 하지만 게임이 실재로 구현되는 드라마 속 세상에서는 그것이 그렇게 간단히 구분되지 않는다. 중국의 사상가 장자의 『제

물론』의 '호접지몽(胡蝶之夢)'이 실현될지도 모른다. 장자는 생생했던 꿈처럼(자신이 나비의 꿈을 꾼 것인지 나비가 자신의 꿈을 꾼 것인지 모를 정도로 생생한 꿈) 자연과 나를 구분할 수 없는 상태를 물아일체(物我一體)라고 했다.

장자는 이런 상태를 설명하기 위해서 꿈을 가져와 이야기했지만 이제 꿈이 아니라 현실에서 그것이 가능한 세상이 올지도 모른다. 내가 나비의 꿈을 꾼 것인지 나비가 장자가 되는 꿈을 꾼 것인지 구분하지 못하는 세상 말이다. 장자의 호접지몽은 단지 철학적인 논거에 불과했지만 게임을 하는 진우에게는 현실과 게임이 구분되지 않는 세상이 된 것이 결코 환상이 아니라는 것이다.

현실과 구분되지 않는 가상현실 세계를 가장 잘 묘사한 걸작에는 영화 〈매트릭스(The Matrix, 1999)〉가 있다. 서기 2199년을 배경으로 인공지능 로봇이 지배하는 세상이 펼쳐진다. 그러나 매트릭스라는 인공자궁 속에 갇혀 살고 있는 사람들은 그러한 사실을 모른다. 자신들은 1999년에 살고 있다고 착각한다. 현재가 2199년이라는 사실을 알고 있는 것은 인공지능에 대항하는 일부 인간들뿐이다. 저항군의 지도자인 모피어스를 포함한 저항군은 매트릭스 속에 갇혀 있는 사람들을 현실로 데려와 인공지능 로봇과 전쟁을 벌인다.

주인공인 네오도 모피어스에 이끌려 자신이 진짜라고 믿었던 삶을 포기하고 매트릭스 밖으로 나온다. 그러나 진짜 삶은 고달프다. 결국 저항군이었던 사이퍼는 힘든 현실을 선택한 것을 후회하며, 매트릭스로 돌아가기 위해 동료들을 배신한다. 동료들을 팔아넘긴 행위는 잘 못되었지만 현실이 너무 고달파서 이를 외면하고 가상현실을 선택하려는 욕망 자체를 나무랄 수는 없다.

영화 〈매트릭스〉는 가상현실과 미래 세상의 존재에 대해 철학적으로 생각해 보도록 하는 작품이다. 하지만 실제로 그런 세상이 올 가능성은 낮다(인공지능이 인간을 지배하려면 스스로 자의식을 가져야 하는데, 그럴 가능성은 거의 없다. 또한 에너지 효율이 낮은 인간을 인공지능의 에너지 공급원으로 사용할 이유도 없다). 그보다는 스티븐 스필버그 감독의 영화 〈레디 플레이어 원(Ready Player One, 2018)〉이 가까운 미래에 우리가 접할 세상과 비슷할지 모른다.

이 영화에서는 인공지능 컴퓨터에 지배되는 세상이 아니라 스스로 가상현실 게임에 접속해 사는 사람들의 삶이 묘사된다. 인간 스스로 접속을 원했다고는 하지만 2045년이 배경인 이 영화에서도 〈매트릭스〉에 비해 사람들의 삶이 그리 행복해 보이지는 않는다. 인공지능의 지배만 받지 않을 뿐 여전히 사람들을 핍박하는 대기업이 있고 빈부 격차가 심하기 때문이다. 낡은 컨테이너 박스에 사는 사람들에게 유일한 낙은 '오아시스'(OASIS)라고 불리는 가상현실(VR) 게임에 접속하는 일이다. 주인공 웨이드 와츠(타이 쉐리던 분) 또한 현실에서는 빈민촌에서 살고 있는 평범한 소년에 불과하다. 하지만 VR 고글을 끼고 오아시스에 접속하면 파시벌이라는 멋진 캐릭터로 변신할 수 있다. 오아시스는 외모와 성별을 바꾸는 등 현실에서 불가능했던 것을 이뤄 주는 마치 사막의 오아시스 같은 공간이다.

〈레디 플레이어 원〉에서는 스스로 가상현실에 몰입한다는 것만 다를 뿐 〈매트릭스〉와 마찬가지로 가상현실이 현실 도피를 위한 도구로 쓰인다. 영화가 아닌 현실에서도 사람들은 가상이라는 단어가 주는 느낌 때문에 가상현실을 현실 도피용으로 여긴다. 하지만 실제 가상현실의 용도는 군사, 의료, 교육, 오락 등 다양하다.

영화 속에는 다양한 형태의 가상현실 기술이 등장하는데 너무나 사실적으로 재현한 덕분에 진짜와 구분되지 않기도 한다. 그렇지만 아무리 진짜 같이 보여도 가짜일 뿐 가상현실은 진짜가 될 수는 없을 것이다. 그리고 가상현실은 실제로 존재하지 않는 가짜가 맞다. 여러 가지 장치를 사용해 우리가 그렇게 느끼도록 만든 가상(假想)일 뿐이다.

하지만 가상현실을 '단순히 가짜 현실로 여기는 것'은 문제를 너무 단순하게 본 것일지도 모른다. 〈매트릭스〉에서 모피어스는 '현실은 그저 두뇌에 의해 해석된 전기 신호에 불과하다'고 말한다. 어차피 현실은 감각 기관을 통해 뇌로 전달된 전기화학적 신호를 뇌가 해석한 것일 뿐이라는 것이다. 따라서 매트릭스처럼 가상현실이 너무나 완벽해 진짜와 구분할 수 없을 경우 우리는 이 둘을 구분하지 못한다. 우리 뇌가 매트릭스에 의해 만들어진 신호와 감각을 통해 들어온 신호를 구분하지 못하기 때문이다. 사실 우리의 뇌는 가상현실과 진짜 현실을 구분할 수 있는 능력이 없다!

만일 매트릭스나 홀로덱과 같이 완벽하게 구현된 가상현실을 통해 그랜드캐니언을 여행했다고 상상해 보자. 가상현실을 통한 여행과 실제로 여행한 사람의 기억 속에 어떤 차이가 있을까? 두 사람의 뇌 속에는 동일한 그랜드캐니언 여행 경험이 남아 있으며 그들이 가진 기억에는 아무런 차이도 없다. 단지 차이가 있다면 진짜 여행을 했다는 자부심만 더 있을 뿐이다. 미래에는 영화 〈토탈리콜(Total Recall, 2012)〉처럼 가짜 기억을 진짜로 믿고 살게 될 수도 있다. (〈토탈리콜〉에서는 가짜 기억을 뇌에다 넣지만 가상현실인지 모르고 한 체험이라면 가짜 기억과 다르지 않다.)

오히려 시간과 비용 측면에서 보면 가상현실 여행이 더 효율적인 경우도 있다. 분화구나 심해저, 화성 탐사처럼 위험한 여행일 경우에는 더욱 그렇다. 또한 다른 성(性)이나 인종, 심지어 다른 동물이 되어 보는 체험은 가상현실이 아니면 할 수 없다(물론 분장을 통해 다른 성이나 인종을 체험할 수는 있다). 그런 가상현실 체험을 통해 우리는 이해의 폭을 넓힐 수 있을 것이다. 앞에서 말한 〈스타트렉〉의 홀로덱이 닫힌 공간인 우주선에서 승무원의 휴양이나 교육, 훈련 등의 목적으로 사용되듯 가상현실은 얼마든지 다양하게 활용될 수 있다.

게임 중독의 경계에서

"화투! 말이 참 이뻐요, 꽃을 가지고 하는 싸움!"

_영화 〈타짜〉 중 정 마담의 대사.

화투(花鬪)는 말 그대로 꽃이 들어간 패를 가지고 모양이나 숫자를 맞추는 놀이다. 물론 여기에 돈을 걸고 전문적으로 하면 노름(도박)이 된다. 화투는 19세기 일본에서 건너온 것이며, 전통적인 노름으로 투전이 있다. 노름은 중독성이 있어 대부분의 사회에서는 이를 법으로 금하거나 상가에서 조문객에 한해 투전을 눈감아 주는 것처럼 특별한 경우에만 허용했다. 이것은 노름이 중독성이 강해 사회에 피해를 입히기 때문이다. 그런데 사람들은 게임도 노름처럼 중독성이 있어 규제해야 한다고 믿는다. 과연 그럴까?

한때 잘나가던 국내 게임업계는 각종 규제와 인식 변화로 인해 주춤하고 있다. 1998년에 출시된 〈스타크래프트〉로 인해 시작된 e스포

e스포츠 경기 중인 십 대 게이머 팀.

츠는 청소년들을 열광시켰고 PC방 산업을 활성화시키는 등 사회에 많은 변화를 일으켰다. 하지만 게임은 긍정적인 면만 있었던 것은 아니다. 게임에 빠진 사람들은 일상생활도 포기한 채 게임만 몰두했다. 직장을 그만두거나 육아를 포기하는 등 심각한 문제가 생기기도 했다. 심지어 폭력적인 게임에 몰두하던 청년이 총기 사고를 일으켰다는 기사도 드물지 않게 나왔다. 이런 기사를 접하면 게임이 도박처럼 유해한 것으로 여기기 쉽다.

게임이 해로울 수 있다는 이야기는 어제오늘의 일이 아니다. '신선 놀음에 도낏자루 썩는 줄 모른다.'라는 속담을 보자. 이 속담은 한 나무꾼이 신선들이 바둑을 두는 것을 구경하다 보니 세월 가는 것도 잊었다는 뜻이다. 워싱턴 어빙(Washington Irving)의 『립 밴 윙클(Rip Van Winkle)』과 같은 소설도 이런 이야기를 담는다. 게으른 남성 립

워싱턴 어빙

클래식 코믹으로 나온
『립 밴 윙클』

밴 윙클이 산에 올라가 술을 마시고 게임을 구경하다가 하룻밤을 지내고 왔더니 마을에서는 20년이 흘렀다는 것이다. 게임이 얼마나 즐거웠으면 도끼 자루가 썩고 20년이 지난 것도 몰랐을까?

한편, 중독성이 강하다는 게임에 대한 견해와 달리 게임산업진흥에 관한 법률(게임산업법)을 보면, 게임을 유해물로 정의하지는 않는다. 즉 '컴퓨터프로그램 등 정보처리 기술이나 기계 장치를 이용하여 오락을 할 수 있게 하거나 이에 부수하여 여가 선용, 학습 및 운동 효과 등을 높일 수 있도록 제작된 영상물 또는 그 영상물의 이용을 주된 목적으로 제작된 기기 및 장치'를 게임물이라고 정의한다. 이러한 법적인 정의에 따르면 게임은 여가를 즐기거나 학습과 운동을 할 수 있는, 유용한 것이다.

또한 폭력적인 게임이 폭력적인 사건을 일으킨다는 명확한 증거도 없다. 폭력적인 장면이나 게임을 하고 난 뒤 사람들의 폭력적인 성향이 높아지는 연구 결과가 있기는 하다. 하지만 여기서 정확하게 해둘 것이 있다. 폭력적인 성향과 실제 폭력적인 행동은 다르다는 것이다. 화가 난다고 해서 우리가 모두 폭력적인 행동을 하지 않듯이 폭력적인 게임을 한다고 그것이 폭력적인 행동으로 이어지는 것은 아니다. 오히려 폭력적인 게임을 통해 폭력성이 해소될 수 있다는 주장도 있다. 어쨌건 분명한 것은 게임이 폭력적인 행동의 원인이라고 볼 수 있는 명확한 근거는 없다는 것이다. 대부분의 사람들은 폭력을 유발하는 상황에서도 그런 행동을 하지 않는다는 것만 봐도 폭력적인 게임이 폭력 사건의 직접적인 원인이 될 수 없다는 것을 알 수 있다.

물론 폭력적인 게임과 폭력 행위 사이의 인과 관계가 명확하지 않다고 해서 게임을 무제한 허용해야 한다는 것은 아니다. 이 드라마에도 사람들이 주변 상황에 신경을 쓰지 않고 게임을 하다가 다른 사람에게 피해를 주거나 자신이 위험한 상황에 처하는 장면이 나온다. 그리고 그러한 상황은 실제로도 벌어졌다.

2016년 IT회사 나이앤틱(Niantic)에서는 스마트폰 위치 기반 AR 게임인 '포켓몬 고(Pokémon GO)'를 출시했다. 게이머를 집 밖으로 끌어내기 위해 제작된 이 게임으로 인해 길거리에는 스마트폰을 보며 게임에 몰두하는 사람들로 넘쳐났다. 당시 국내에서는 구글 맵에 대한 법적인 문제로 인해 일본과 가까운 동해안의 일부 도시에서만 서비스가 가능했다. 이 소식이 전해지자 게임을 즐기기 위해 동해안의 일부 도시로 사람들이 몰려가기도 했다.

　게이머를 집 밖으로 내보내겠다는 나이앤틱의 의도는 성공했다. 하지만 증강현실 게임을 하느라 스마트폰 화면만 보고 주변을 살피지 않고 걷는 게이머들 때문에 새로운 문제가 생겼다. 게임하다가 남의 집으로 들어가거나 건물이나 가로수에 부딪히는 등 각종 사고가 일어난 것이다. 심지어 신호를 살피지도 않고 횡단보도를 건너거나 자동차를 운전하며 게임을 하는 사람들 때문에 교통사고도 늘어났다. 상황이 심각해지자 운전 중이나 도로에서는 게임을 하지 말도록 경고해야 할 정도였다.

　현존감이 떨어지는 스마트폰 AR 게임이 이 정도 문제를 일으키는데, 드라마에 등장하는 게임 정도의 현실감을 지녔다면 훨씬 더 심각한 문제를 일으킬 수도 있다. 따라서 당연히 게이머나 주변 사람을 보호하는 각종 보호 장치나 규제가 있어야 한다. 하지만 자칫 과도한 규제를 하면 개인의 자유를 침해하고, 게임 산업의 경쟁력을 약화시킬 수도 있다. 안전을 위해 특정 시간과 장소에서만 게임을 허용할 것인지 게이머의 선택에 맡기는 자율 규제를 해도

소비자에게 증강현실 기술을 써서 마트 내 세일 정보를 알려 주다.

될지 고민이 필요하다.

많은 사람의 우려에도 가상현실과 증강현실이 활용될 분야는 더욱 늘어날 것이다. 현재도 그렇지만 미래에도 가상현실이 가장 활발하게 적용되는 분야는 게임이다. 게임의 특성상 가상현실이 효과적이기 때문이다. 2014년 페이스북은 가상현실 장비 업체 오큘러스VR을 20억 달러에 인수했다. 미래에는 수많은 사람들이 가상현실 플랫폼에 접속할 것으로 내다봤기 때문이다. 페이스북의 CEO 마크 저커버그는 사람들이 가상현실에 연결되어 생활하고 가상현실은 다시 현실과 연결되는 미래를 상상했다.

그렇다면 모든 것이 가상현실과 연결되고, 가상현실 기술이 발달하면 우리는 매트릭스 속에 갇혀 살게 될까? 물론 인간의 지능을 능가하는 초 인공지능이 인간을 정복하려 한다면 그럴 수도 있지만 그럴 가능성은 크지 않다. 오히려 그것보다는 인간 스스로 가상현실 속에서 빠져나오기를 거부하는 현상이 문제가 될 것이다.

현실 세계에서 깨어나게 하는 빨간약과 매트릭스 안에서의 삶을 사는 파란약 중 하나를 선택하라는 질문을 받았을 때 빨간약을 선택하는 일은 결코 쉽지 않다. 우리는 이미 꿈이라는 대리 체험을 통해 현실을 외면하는 것에 익숙하기 때문이다. 너무나 환상적인 꿈을 꾸면 꿈에서 깨어나기 싫지 않은가.

미래에는 게임의 가상현실과 현실이 서로 연결될지도 모른다. 영화 〈엔더스 게임(Ender's Game, 2013)〉에서 엔더는 자신이 하는 게임을 시뮬레이션이라고 여긴다. 하지만 그가 하는 게임은 지구의 함선이 외계인과 전투를 벌이는 진짜 전투다. 물론 가상현실을 통해 우주선을 조정할 경우 굳이 병사들이 목숨 걸고 탑승할 필요가 없다. 그렇기에 미래의 전쟁은 드론 병사를 통해 싸우는 '워 게임'이 될 가능성이 크다. 이미 2018 평창 동계 올림픽 개막식에서 일사불란하게 움직이는 드론들을 보며 우리는 드론 기술의 뛰어남을 확인했다. 언젠가 전장에서 명령을 받은 드론 병사가 인간을 대신해 싸우게 될지도 모를 일이다.

동물은 외부 자극에 반응합니다. 외부 자극은 빛, 소리, 물질, 열, 압력 등 다양합니다. 외부 자극을 감지하기 위해서는 자극원에 맞아야 감지할 수 있습니다. 이것을 적합 자극이라고 합니다. 귀에 불빛을 비추거나 손으로 음식을 만져도 맛을 느낄 수 없는 것은 적합 자극이 아니기 때문입니다. 귀에는 20~20000헤르츠 사이의 음파, 눈에는 파장이 400~700나노미터 사이의 전자기파가 자극되어야 감지됩니다. 소리는 가청주파수, 빛은 가시광선이라고 부르는 자극이어야 합니다. 즉 수용기에 맞게 적합 자극이 주어져야만 감지할 수 있습니다.

물론 적합 자극이라고 해서 모두 감지되는 것은 아닙니다. 수용기가 감지할 수 있는 최소한의 자극값 이상이 되어야 하는데, 이것을 역치라고 합니다. 역치값이 되어야 비로소 수용기 세포에서 흥분이 일어나 신경 세포를 통해 뇌로 신호를 보낼 수 있습니다. 만일 이 신호를 그대로 모사할 수 있으면 그 자극이 가짜라고 하더라도 뇌는 진짜와 구분하지 못합니다.

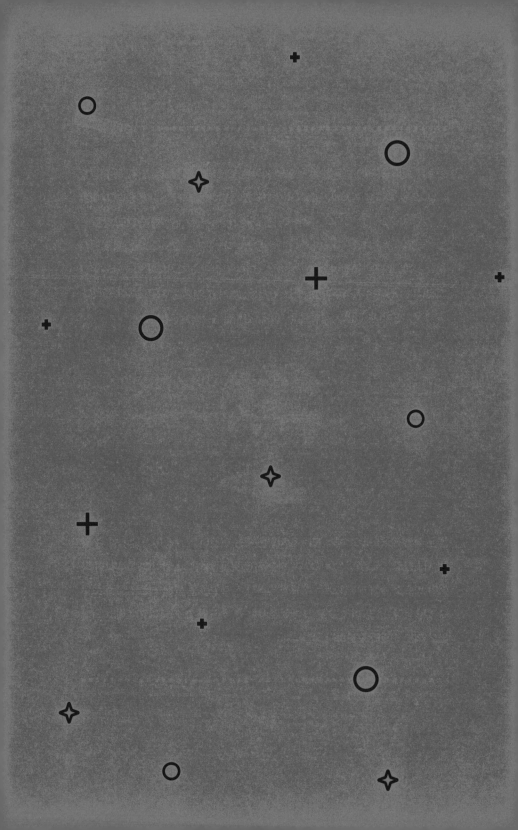

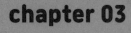

chapter 03

과학은
신의 영역에 도전하며
발전해 왔다

"신은 죽었다." _니체
"니체 너 죽었다." _신
"니네 둘 다 죽었다." _청소아줌마

_어느 화장실의 낙서

1976년 화성을 탐사한 바이킹호가 촬영한 사진 중 이상한 것이 하나 있었다. 사람의 얼굴 형상을 한 바위인 화성인면암. 물론 사람의 얼굴과는 전혀 상관없는 바위였지만 일부 사람들은 음모설까지 제기하며 화성인이 존재한다는 증거라고 주장했다. 마찬가지로 2001년 9월 11일에 발생한 '911 테러' 사건 직후에도 연기가 피어오르는 사진에서 악마의 얼굴이 보인다는 이야기도 있었다.

인간은 자신이 보고 싶은 것을 보는 경향이 있다. 토스트나 굴 껍데기에서 성모상이나 예수의 얼굴을 보는 것은 실제로 신이 내재한 증거가 아니다. 신이 뭣 하러 토스트나 굴 껍데기를 통해 자신의 존재를 나타내겠는가? 이는 '파레이돌리아(pareidolia)'라고 불리는 현상으로 실제로는 연관성이 없지만 특별한 상황에서 의미를 부여하는 심리를 말한다. 이모티콘은 이러한 인간의 특성을 이용한 것이다. '^^'는 단지 꺾은선 두 개를 붙여 놓은 것이지만 웃는 얼굴로 해석하는 것도 일종의 파레이돌리아 현상이다.

사람들이 모여 살기 시작하면서 사람들은 미래에 대해 이야기하기 시작했다. 하지만 과학이 등장하기 이전에는 세상 만물의 움직임을 설명할 방법이 없었다. 매일 같이 해가 뜨고 지는 것이나 높은 곳에 있는 물체가 떨어지는 이유를 그들은 설명할 길이 없었던 것이다. 천둥 번개가 치고, 때로는 알 수 없는 병에 걸려 사람들이 죽어 가는 상황은 사람들을 두렵게 만들었다. 이러한 상황에서 사람들은 아무것도 예측할 수 없는 불안한 미래보다는 신을 선택했다. 신의 마음을 알 수 없더라도 신이 존재하면 불안한 마음은 줄일 수 있었다. 신은 인간이 할 수 없는 다양한 것을 할 수 있는 능력이 있었기 때문이다. 물론 모든 이들이 신의 존재를 믿었던 것은 아니다. 무신론자들은 신이 없이도 세상의 모든 것을 합리적으로 설명할 수 있는 방법이 있다고 생각한다. 바로 과학이다.

▶ 여성이
초인이 된다면?

만일

여자가 남자보다 힘이 세다면

세상은 어찌 되었을까?

<힘쎈 여자 도봉순> 홈페이지 중

유치원 버스 기사가

공사장 인부에게 도로를 막은 덤프트럭을 빼달라고 항의한다. 하지만 공사장에서 나온 건달들은 트럭을 빼주기는커녕 오히려 버스 기사를 협박한다. 이 장면을 목격한 도봉순(박보영 분)이 경찰에 신고하겠다며 폰을 꺼내자 그들은 폰을 빼앗아 부셔 버린다. 폰을 물어내라는 봉순을 건달들이 놀리듯 협박한다. 더 이상 참지 못한 봉순은 건달들을 단숨에 때려눕혀 버린다. 경찰서로 몰려간 건달들은 봉순에게 맞았다고 설명하지만 아무도 믿지 않는다. 이 장면을 그대로 지켜본 아인소프트 대표 안민혁(박형식 분)은 갸냘픈 봉순이 어떻게 이들을 때려눕혔겠냐면서 진실을 숨긴다. 봉순의 비밀을 지켜 준 민혁은 봉순을 자신의 경호원으로 고용한다. 정체를 알 수 없는 사람에게 끊임없이 협박당하고 있었던 민혁은 봉순의 힘이 필요했기 때문이다.

봉순에게 민혁은 동화 속 왕자님이나 마찬가지다. 봉순이 그렇게 들어가고 싶어 하는 게임 회사 대표니까. 하지만 그들 관계는 왕자와 공주 같은 고전적인 틀에 묶여 있지 않다. 이 드라마는 왕자가 힘없는 여인을 지켜 주는 전형적인 이야기가 아니다. 봉순은 그 어떤 남자보다 힘이 세다. 민혁이 다치면 봉순이 그를 안고 달려간다. 사랑하는 여인을 지키기 위해 몸을 날리는 건장한 남성 보디가드가 아니라 건장한 남성을 작고 귀여운 여인이 지켜 준다는 다소 동화 같은 이야기다. 마치 외모지상주의에 빠진 동화를 비틀기 위해 영화 〈슈렉(Shrek, 2001)〉이 공주를 오거로 남겨 둔 것처럼.

근력과 권력의 상관관계를 살펴보다

도봉순은 말 그대로 괴력의 소유자다. 엄청난 힘을 지녔기에 아인 소프트 대표의 경호원이 된다. 우리는 일반적으로 여자는 힘이 약하다고 여긴다. 그래서 재난이나 위기 상황에서 여자와 어린이를 먼저 대피시켜 보호해야 한다고 여긴다. 하지만 이 드라마는 그러한 고정 관념을 버리고 키 작고 연약해 보이는 여성을 엄청난 괴력의 소유자로 설정했다. 오히려 사회의 갑이라고 할 수 있는 회사 대표를 가냘픈 여자 보디가드가 지켜 준다.

지금까지 역사에서 남성들이 여성들보다 우위를 점할 수 있었던 주된 이유는 근력이다. 근력을 바탕으로 한 물리력이 과거 권력의 바탕이었다. 물론 근력만으로 남성 우위의 세상을 설명하는 것은 남녀 관계를 너무 단순하게 본 것이라고 여길 수도 있다. 하지만 수렵 채집 시기의 원시인들에게 근력은 생존의 필수적인 요소였다.

오늘날에도 여전히 물리력은 권력의 중요한 수단이다. 미래학자인 앨빈 토플러는 『권력 이동(Power shift,1990)』에서 권력의 본질이 물리력에서 부를 거쳐 지식으로 이동하고 있다고 지적한다. 이미 30년이 다 된 책이지만 토플러의 지적은 아직도 유효하다. 어쨌건 이 드라마는 과거 권력의 바탕인 물리력 즉 힘을 소재로 한다.

앨빈 토플러

드라마에서 덩치가 아주 작고 연약해 보이는 주인공이 사실은 엄청난 괴력을 지녔다고 설정되었지만 현실에서는 불가능하다. 이것은 인간의 힘이 근육에 의한 것이고, 근육의 단면적에 비례해 힘을 내기 때문이다. 즉, 근육이 많을수록 더 큰 힘을 낼 수 있다.

근력 경기를 체급별로 실시하는 것은 몸무게가 많이 나갈수록 근력이 늘어나므로 체급을 정하지 않으면 덩치 큰 선수가 절대적으로 유리하기 때문이다. 따라서 팔뚝이 굵은 마동석은 누가 봐도 힘이 세다고 보지만 체구가 작고 가녀린 박보영은 연약하다고 여기는 것이다. 어쨌건 힘이 근력과 같은 뜻으로 사용되듯 힘이 세지려면 근육량을 늘려야 한다. 근육량을 늘리려면 근력 훈련을 반복해야 한다.

근육은 수축에 의해서 힘을 낸다. 근육의 수축 속도는 근육의 색에 따라 다르다. 근육은 색에 따라서 적색근과 백색근으로 구분한다. 적색근에는 근육 내 혈색소인 미오글로빈이 풍부해서 적색으로 보인다. 미오글로빈은 혈액 속에 든 헤모글로빈보다 크기가 작다. 쇠고기를 먹을 때 뚝뚝 떨어지는 것이 피가 아니라 근육 내 미오글로빈인 셈이다. 미오글로빈은 근육에 산소를 공급하는 역할을 하는데, 적색근에는 미토콘드리아나 혈관도 더 발달해 있다.

적색근은 수축 속도가 느리지만 쉽게 피로해지지 않아서 오랜 시간 동안 운동하는 선수들에게 잘 발달해 있다. 마라톤 선수는 단기간에 최대 근력을 낼 필요가 없으므로 적색근이 풍부하다. 하지만 단거리 육상 선수나 역도 선수의 경우에는 짧은 시간에 최대 근력을 내야 하므로 수축 속도가 빠른 백색근이 많이 있다. 동물들도 생활 환경에 맞는 근육을 지닌다. 소처럼 느리게 움직이는 동물은 적색근, 닭은 빠르게 움직이므로 백색근이 많다.

모든 운동에 적합한 체형을 지닌 선수는 없다. 운동에 따라 유전적으로 어떤 근육을 많이 타고 났는지가 선수의 경기력에 많은 영향을 준다. 일단 봉순은 힘이 엄청나다. 장기적으로 힘을 쓰는 모습은 볼 수 없었으니 아마도 백색근이 풍부할 것이다(물론 적색근도 많이 있을 수 있으나 몸이 왜소하니 모든 근육을 풍부하게 지니기는 어려울 것이다). 백색근이 빠르게 수축할 뿐 아니라 적색근에 비해 더 큰 힘을 내기 때문이다.

적색근에는 미오글로빈과 미토콘드리아, 혈관이 풍부하다. 지속적으로 수축하려면 산소와 영양소를 공급받아 에너지를 얻어야 한다. 이것은 봉순도 마찬가지다. 엄청난 괴력을 발휘하기 위해서 봉순은 많은 양의 에너지가 필요하다. 물론 많은 에너지를 소모하기 위해서 산소 공급도 충분해야 한다. 격렬한 운동을 했을 때를 생각해 보자. 숨은 헐떡거리고 쉽게 배가 고파진다는 것을 알 것이다. 운동을 많이 하면 그만큼 에너지가 많이 필요하다. 많은 건달들을 때려눕히려면 그만큼 봉순이 소모하는 에너지양도 많다는 것이다. 봉순은 힘을 많이 쓴 후에는 많이 먹어야 하며, 숨을 가쁘게 몰아쉬어 몸에 산소를 많이 공급해야 한다.

모계 유전되는 괴력이 있다면?

"저 다른 사람이랑은 좀 달라요. 대표님도 아시잖아요…. 괜찮으시겠어요?"

_〈힘쎈 여자 도봉순〉 중 도봉순의 대사

드라마 속에서는 봉순이 어떻게 그러한 괴력을 발휘하는지에 대한 가족 내력이 설명된다. 비밀유전자의 시조는 행주 대첩의 여전사 박개분이다. 1593년 행주 대첩 당시 박개분이 치마로 나른 돌의 숫자보다 때려눕힌 왜군의 숫자가 더 많았다고 한다. 모계 혈통으로 유전되는 이 괴력에는 엄청난 비밀이 숨겨져 있다. 1862년 진주 민란에서 관군의 편에서 탐관오리의 앞잡이가 되어 사리사욕을 채우던 가옥방이라는 할머니는 하루아침에 괴력을 잃고 나병으로 쓸쓸한 말년을 보냈다. 이후 이 괴력을 의롭지 않은 일에 쓰면 그 대가를 치르게 된다는 주술에 준하는 징크스가 생겼다.

자신의 힘을 국위 선양을 위해 쓴 봉순의 엄마 황진이(심혜진 분)는 메달을 딸 수 있었지만 이후 학교에서 학생들을 괴롭히는 데 힘을 사용하자 그 대가를 치른다. 그래서 봉순은 자신의 힘을 숨기고 산다. 봉순이 힘을 감추고 사는 것은 힘을 사사롭게 사용하다 저주를 받을까 두려워서다. 힘을 가진 자는 힘에 대해 책임감을 가져야 한다는 것이다. 절대 권력을 가진 자는 힘에 걸맞은 도덕성이 있어야 한다는 거다.

봉순의 특별한 능력은 모계로 여자에게만 유전된다. 그래서 봉순의 쌍둥이 남동생 봉기(안우연 분)는 그녀와 전혀 다르다. 병원에서 레지던트로 있는 평범한 인물이다. 모계 유전이라고 이야기하는 것으로 봐서 일단 봉순의 능력은 성염색체에 의한 유전인 반성유전(sex-linked inheritance)일 가능성이 크다. 인간은 22쌍의 상염색체와 1쌍의 성염색체를 가지고 있다. 상염색체는 남녀 공통으로 있기 때문에 상염색체에 의한 유전은 남녀 구분 없이 일어난다. 따라서 상염색체에 의한 유전에는 남녀 간에 빈도 차이가 없다.

하지만 성염색체는 X, Y 두 가지가 있는데 남자는 XY, 여자는 XX의 염색체를 가지므로 빈도 차이가 생긴다. X염색체 상에 유전자가 있는 적록색맹의 경우, 남자에게 더 많이 생긴다. 남자는 X염색체가 하나밖에 없어 적록색맹 유전자가 있으면, 그 형질이 발현된다. 여자는 X염색체가 두 개이므로 하나의 X염색체에서 적록색맹 유전자가 있을 때는 형질이 발현되지 않는다(즉 적록색맹이 아니라 정상이다). 그런데 봉순의 능력은 적록색맹과 다르다. 만일 X염색체 한 개만 지니고 있어도 능력이 발현된다면 봉순의 동생에게도 능력이 나타나야 하기 때문이다. 따라서 봉순의 능력은 X염색체 두 개를 모두 가지고 있을 때만 발현되는 한성유전(sex-limited inheritance)으로 봐야 한다. 한성유전은 한쪽 성에만 형질이 나타나는 유전이다. 성염색체에 의해 남성과 여성이 각각 다른 모습을 지니게 되는 것이 한성유전이다.

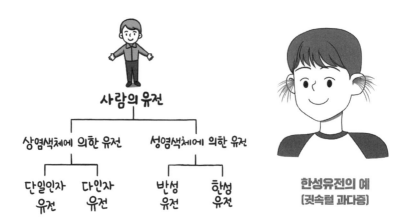

사람의 유전

상염색체에 의한 유전 / 성염색체에 의한 유전

단일인자 유전 / 다인자 유전 / 반성 유전 / 한성 유전

한성유전의 예
(귓속털 과다증)

하지만 실제로 X염색체상에 그러한 유전자가 있다고 알려진 바는 없다. 드라마의 설정처럼 모계로 유전된다는 가정에서 본다면 봉순의 능력이 한성유전임을 이야기한 것이다. 영화 〈엑스맨〉에서 돌연변이 유전자가 있어서 다양한 초능력을 지닌다는 것이 영화 속 상상력이듯 이것도 단지 드라마 설정일 뿐이다.

X염색체의 돌연변이로 봉순과 같은 능력을 얻기는 어렵지만 분명 유전자를 가지고 남다른 능력을 발휘하게 만들 수는 있다. 2015년 중국에서는 근육 성장을 억제하는 물질인 '마이오스타틴'(MSTN)을 제거해서 근육 돼지를 만들었다. 이 돼지는 일반 돼지보다 근육이 많다. 이것을 사람에게 적용한다면 어떻게 될까?

근육에 따라 선수의 능력이 갈리는 상황에서 이러한 돌연변이 유전자를 가지고 태어난 선수를 노력으로 이기기는 어렵다. 봉순의 엄마

황진이를 보자. 황진이는 힘이 사라지기 전 세계 역도대회에 나가 메달을 휩쓸어 온다. 유전적으로 뛰어난 신체를 타고나면 남들보다 유리하다는 것이다.

봉순이만큼은 아니지만 유전적으로 그러한 능력을 타고나지 못한 선수들은 노력 말고는 방법이 없을까? 과거에는 노력해서 이것을 극복해야 한다고 생각했다. 노력하지 않고 약물을 써서 능력을 향상시키는 것을 도핑(doping)이라고 부른다. 도핑은 스포츠 정신을 위배한 부정적인 방법이므로 선수의 자격이나 성과를 인정하지 않고 벌칙을 준다.

그런데 남들보다 뛰어난 조건을 타고난 선수들과 경쟁하기 위해 유전자 도핑을 할 경우 이를 막는 것이 과연 옳은 것일까? 처음부터 그 조건을 타고난 선수는 괜찮고 후천적으로 그 형질을 획득하는 것을 막아야 한다는 것은 타당한 주장일까? 간혹 스포츠 선수들 중에 유전적 돌연변이로 인해 엄청난 능력을 발휘하는 선수들이 등장한다. 우사인 볼트를 비롯한 단거리 선수는 '스피드 유전자'로 통하는 577R을 지닌다. 이 유전자가 있으면 근육을 빠르게 수축할 수 있는데, 이것은 단거리 선수에게 필수 능력이다. 이 외에도 선수의 능력과 관련된 유전자가 지금까지 90여 개 정도가 발견되었고 앞으로도 추가될 것이다.

운동 능력을 향상시킬 수 있는 유전자를 타고난 사람과 일반인은 단순히 노력한다고 해서 그 격차를 좁히기 어렵다. 자메이카에서 뛰어난 단거리 육상 선수들이 많이 배출되는 것은 이러한 이유가 있다. 0.01초를 다투는 스포츠 경기에서 타고난 신체 조건을 노력으로 극복하기는 쉽지 않다. 선수들 대부분이 체계적으로 훈련해 역량을 최대한 발휘하기 때문이다.

그렇다면 유전자 치료를 통해 운동 능력을 향상시킬 수 있도록 허용해야 할까? 아니면 그것을 유전자 도핑이라고 규정해 금지해야 할까? 지금은 근력이 떨어진 노인이나 근이영양증처럼 근육이 제 기능을 할 수 없는 사람을 위해서만 근육의 유전자 치료를 제한적으로 허용하고 있다. 하지만 막대한 돈과 명예가 걸린 스포츠의 세계에서 선수들은 끊임없이 유전자 도핑의 유혹을 받을 것이다. 이제 유전자 도핑으로 경기력을 향상시키는 것을 막을 것인지 허용해 줄 것인지 생각해 볼 때가 된 것이다.

감정을 마음대로 하는 약이 개발된다면?

> "사람의 감정이라는 게 마음대로 안 된다는 거 알아요. 그치만 마음대로
> 할 수 없는 자기 감정 때문에 이유 없이 다치는 다른 사람들 생각은 왜 안
> 하세요?"
>
> _〈힘쎈 여자 도봉순〉 중 도봉순의 대사

민혁은 고등학교 때 자신을 구해 준 소녀를 기억한다. 하지만 그녀의 얼굴이 떠오르지 않아 그녀가 봉순이라는 사실을 까맣게 모르고 있다. 봉순은 국두(지수 분)를 좋아한다. 봉순은 초등학교 시절 전학을 온 국두를 지금껏 짝사랑하고 있다. 봉순의 이런 마음을 알지 못하는 국두는 봉순을 친구로만 여긴다. 민혁은 국두를 짝사랑하는 봉순을 놀릴 뿐이다. 봉순은 국두를 좋아하고 봉순을 좋아하는 민혁은 자신의 마음을 숨긴 채 봉순을 놀리는 삼각관계가 된다. 민혁의 마음을 잘 알지 못하는 봉순은 민혁의 이런 태도가 밉기만 하다. 마음대로 안 되는 자신의 마음을 가지고 놀리듯이 행동하기 때문이다. 봉순은 자신의 마음을 어쩔 수 없다고 하는데, 왜 그럴까?

봉순은 국두를 향한 감정과 민혁 때문에 마음이 아프다. 우리는 전통적으로 심장의 모양을 본떠 마음을 표시하지만 마음은 뇌에 있다.

따라서 마음이 아프다면 그건 뇌에서 아프다고 느끼는 것이다. 재미있는 사실은 뇌에서 아프다고 느끼지만 뇌에는 통증을 느끼는 감각점이 없다. 즉 뇌 자체는 아픈 것을 느끼지 못한다. 뇌는 직접 물리적인 고통을 느끼지 못하므로 깨어 있는 상태에서 뇌를 열고 수술할 수 있는 것이다. 그러니 마음이 아프다는 것은 감정이 상했다는 것으로 실제로 뇌가 아픈 건 아니다.

감정은 비합리적으로 흔들리는 경향이 강하기 때문에 플라톤은 이성을 통해 감정을 통제해야 한다고 여겼다. 플라톤에서 시작된 이러한 전통적인 관념에 따라 이성적인 것이 감성적인 것보다 우위의 것으로 여겼다.

감정은 우리가 이따금 정상적으로는 이해할 수 없는 행동을 하게 만들기도 한다. 예를 들어 사랑 때문에 혹은 다른 사람을 향한 분노로 감정의 폭풍이 일면 평소와 다른 행동을 하기도 한다. 내 감정에 나도 어쩔 수 없다는 기분이 들게 되는데, 이것은 곧 내 감정이 통제되지 않는다는 이야기다. 극단적으로 화가 난 사람에게 흥분을 가라앉히라고 하는 것은 '화'와 같은 부정적인 감정이 문제가 아니라, 감정이 통제가 되지 않아서 문제라는 것이다. 우리가 이따금 쓰는 '우발적으로'라는 말도 그런 상황을 나타내는 것이다.

정상적인 사람도 상황에 따라 우발적인 행동을 하지만, 흔히 우울증이나 조울증 같이 마음의 병을 앓는 이들에게 '우발적인 행동'이 더 나타날 거라고 생각하는 이들도 많다. 이 환자들의 행동을 예측할 수

없다고 여겨서 사람들은 그들이 범행을 저지를 가능성에 대한 두려움
이 크다.

하지만 그러한 반응이 합리적인 것은 아니다. 조울증을 앓는 환자
들이라고 해서 모두 범죄를 저지르지는 것도 아니다. 통계적으로 보
면 정신 질환자가 오히려 비정신 질환자보다 범죄율이 낮다. 그런데
도 정신 질환자의 범죄를 두려워하는 것은 그들이 치료를 중단했을
때 상태가 불안정하기 쉽고 간혹 심각한 범죄를 일으키기도 하기 때
문이다. 그래서 이들의 치료와 관리가 중요하다는 것이다.

그렇다면 보통 사람의 우발적인 범행은 잘 예측할 수 있을까? 사
실 예측하기 어렵기는 마찬가지다. 이성은 뇌의 영역 중 대뇌에서 담
당한다. 진화적으로 보면 최근에 발달한 대뇌에서 고등 정신 기능을
담당하고 있다. 대부분의 경우 이성을 도맡은 대뇌가 감성적인 영역
을 잘 통제한다. 문제는 인간의 기본적인 욕구를 담당하는 부분이 이
성보다 근본적이라는 것이다. 그 결과 감정이 이성적인 판단보다 선
행하므로 화가 나서 우발적으로 저지르는 범죄를 예측하는 것이 쉽지
않다.

한편 감정으로 인한 정신적인 문제는 약으로 치료할 수 있다. 이는
감정이 뇌에서 일어나는 화학 작용이기 때문이다. 우울증이 있을 때
프로작을 복용하면 증세가 완화되는데, 이것은 화학 물질로 인간의
감정을 바꿀 수 있음을 나타낸다. 세로토닌 수치가 높으면 사람의 기
분이 좋아지지만 반대로 수치가 낮으면 우울증이 나타난다. 세로토닌

은 우울증뿐 아니라 공포나 정신분열증, 폭력 등 다양한 증세와 관련 있는 것으로 알려져 있다. 세로토닌 이외에도 노르아드레날린이나 도 파민과 같은 신경 전달 물질들이 기분과 관련 있다.

물론 정상적인 사람은 감정의 변화를 위해 약을 먹지 않는다. 하지 만 사람의 기분도 결국 뇌에서 일어나는 화학 작용일 뿐이므로 약으 로 변화시키거나 통제할 수 있을 것이다. 아직까지 약은 감정의 일부 를 변화시키거나 통제할 뿐 모든 문제를 해결해 주진 못한다. 그렇다 면 언젠가 약으로 감정을 마음대로 변화시키는 사회가 오면 어떻게 될까?

영화 〈이퀼리브리엄(Equilibrium, 2002)〉에는 약으로 감정을 억제 하는 세상이 등장한다. 제3차 세계대전에서 살아남은 사람들은 더 이 상 전쟁이 일어나지 않도록 감정을 억제하는 약을 복용한다. 만일 약 을 먹지 않아 감정을 지닌 사람들이 발견되면 그들을 처벌하거나 찾 아서 제거하는 일을 하는 그라마톤 성직자라는 직업도 있다. 성직자 들은 감정을 느끼게 만드는 음악이나 미술 같은 예술 행위도 일체 금 지한다. 세계를 평화롭게 유지하려는 극단적인 선택이라고 해도 감정 을 통제하는 것이 과연 옳은 결정일까?

이미 우리는 감정을 자유롭게 표출할 수 없는 세상에 살고 있다. 자 신의 이익을 위해 잠시 감정을 숨긴 것이 아니라 직업적으로 감정을 억누를 수밖에 없는 사람들이 있다. 바로 감정 노동자들이다. 감정 노 동자들은 자신의 감정 상태와 상관없이 항상 기분 좋게 고객을 대해야 한다. 최근 감정 노동자에게 고객이 '갑질'을 해서 비난받는 일이 종종 일어나자 일부 회사에서는 직원을 보호하는 방안을 내놓기도 했지만 아직 부족한 것이 사실이다. 회사가 방안을 내놓기 이전에 상대방의 감정을 살피는 배려가 필요하다.

내 감정이 소중하다면 감정 노동자를 비롯해 남의 감정도 소중한 법이다. 봉순이 민혁에게 왜 상처받는 다른 사람은 생각하지 않느냐고 말하는 것은 다시 말해 자신의 감정이 소중한 만큼 남의 감정도 소중하다는 이야기다. 그렇기 때문에 뇌의 전기화학적인 기전을 알아내 기분을 바꾸고 통제할 수 있는 약이 등장해도 그것은 환자를 치료하는 목적이어야 한다. 기분을 바꾸는 데 남용되어서는 안 된다.

이미 기분을 좋게 만드는 약이 마구 사용되어 각종 문제를 일으킨 적이 있었다. 바로 마약이다. 마약의 경우, 여러 가지 부작용이 있었으니 이를 정부에서 통제한다고 해서 이의를 제기하는 이들은 드물 것이다. 하지만 부작용이 약하거나 아예 없는 경우에는 어떻게 되어야 할까? 그때는 개인의 선택을 제한할 정당한 이유를 찾기 어려울 수도 있다. 행복은 노력해서 얻어야지 약을 통해 쉽게 얻어서는 안 된다는 것이 개인의 선택권을 제한하는 이유가 되기는 어렵다. 기분 전환을 위해 음악을 듣거나 운동하고 맛있는 음식을 먹는 것은 되지만 약을 먹는 것은 안 된다고 할 근거가 없기 때문이다. 커피 한 잔은 되고 약 한 알은 안 되는 이유를 찾기 어렵다.

사람은 46개의 염색체를 가지고 있습니다. 46개의 염색체는 모양과 크기가 같은 염색체가 두 개씩 쌍을 이루고 있는데, 이를 상동 염색체라 부릅니다. 그래서 사람은 23쌍의 상동 염색체를 지니고 있습니다. 상동 염색체는 다시 상염색체 22쌍과 성염색체 1쌍으로 구분합니다. 염색체에는 사람의 형질을 결정하는 유전자가 있는데, 상동 염색체에는 하나의 형질을 결정하는 각각의 유전자가 있습니다. 이를 대립 유전자라고 합니다. 1쌍의 상동 염색체는 엄마와 아빠에게서 염색체를 1개씩 받아서 쌍을 이루게 됩니다. 즉 자식은 부모에게서 각각 23개의 염색체를 물려받아 46개의 염색체를 가지게 되는 것입니다.

요괴와 귀신이 판치는 세상이어도 과학은 필요하다

고대 소설 『서유기』를 모티브로

퇴폐적 악동 요괴 손오공과 고상한 젠틀 요괴 우마왕이

어두운 세상에서 빛을 찾아가는 여정을 그린

절대낭만 퇴마극이다.

<화유기> 홈페이지 중

오늘날『서유기(西遊記)』는

아동용 서적에 패러디 주인공으로 흔히 등장하면서 유치한 소설로 오인받기도 하지만 사실 시대를 뛰어넘는 뛰어난 풍자와 깊이가 담겨 있는 역작이다. 즉 서양에『반지의 제왕』이 있다면 동양에는『서유기』가 있다고 할 만큼 풍부한 상상력과 광대한 스케일이 담긴 판타지 소설이다.

『서유기』의 한 장면

손오공이 등장하는 소설『서유기』는 중국 명나라의 오승은(吳承恩)이 지은 장편 소설로 알려져 있지만 그의 순수 창작품은 아니다. 7세기 당나라의 현장법사가 불경을 찾아 서역을 여행한 사건과 당시 구전되던 민간 전설을 모티프로 하여 오승은이 소설로 쓴 것이다. 서유(西遊)는 서역으로 불경을 찾아 떠난다는 뜻이다. 그 모험을 통해 구법(求法, 불법을 구함)하는 과정을 다룬다. 삼장 일행이 수많은 요괴들과 환란에 빠진 세상을 바로잡는 과정 자체가 바로 구법이며, 수행의 일종이다. 이 과정에서 야성의 본능을 가진 손오공은 삼장의 가르침을 받아 불제자(佛弟子)로 거듭난다.

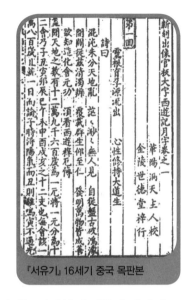

『서유기』 16세기 중국 목판본

이 소설의 묘미는 인간 사회를 대변하는 다양한 요괴들과 갖가지 도술과 신물(神物)이 등장해 지루할 틈이 없다는 것이다. 소설 속 다양한 캐릭터는 현대 게임이나 만화, 영화 등 여러 분야에 모티브를 주었다.

이 드라마 역시 『서유기』에서 소재를 가져왔으나 줄거리는 원작과 전혀 상관없다. 손오공과 삼장이 서로 사랑하는 연인이라거나 우마왕이 연예 기획사 대표라거나 유명 연예인 대부분이 요괴라는 등 엉뚱한 상상을 펼치는 패러디 코믹 드라마다. 이 드라마를 보면 고전은 고리타분하거나 쓸모없고 어려운 내용이라는 생각을 조금이라도 떨칠 수 있을 것이다. 『서유기』에 담긴 갖가지 놀라운 상상력이 오늘날에도 여전히 빛날 만큼 환상적이기 때문이다.

악령이 출몰하는 세상

어린 진선미(갈소원 분)는 귀신을 본다는 이유로 친구들에게 따돌림을 당한다. 하지만 그런 능력이 필요한 이가 있었으니 바로 우마왕(차승원 분)이다. 진선미는 우마왕의 부탁으로 손오공(이승기 분)의 거처에 들어갔다가 손오공의 꾐에 넘어가 그만 그를 오행산에서 풀어 주게 된다. 손오공은 자신을 오행산에서 풀어 주는 대가로 손오공의 이름을 부르면 언제든 나타나 구해 주겠다고 진선미에게 약속한다.

하지만 손오공이 누군가? 천상계를 어지럽힌 제천대성이 꼬마 소녀에게 묶일 인물이 아니다. 오행산에서 탈출하자마자 손오공은 진선미의 기억에서 자신의 이름을 지워, 진선미가 손오공의 이름을 떠올리지 못하게 만든다. 진선미는 손오공의 이름을 잊어버린 채 악귀에게서 자신을 지키며 성장해 어엿한 부동산 사무실의 대표가 된다. 진선미(오연서 분)는 귀신을 보는 능력을 써서 부동산 사업을 순조롭게(?) 펼치다가 운명처럼 손오공을 다시 만난다.

드라마에는 손오공이나 우마왕, 저팔계, 사오정 등 요괴들만 나오는 건 아니다. 악귀를 등장시켜 현대 사회에 벌어지는 갖가지 문제를 날카롭게 꼬집는다. 즉 사람들의 비정상적인 행동이 귀신에 의해서라고 해석한다.

이를테면 SNS에서 남에게 해가 되는 말을 하는 것은 독취라는 악귀 때문이다. 책장수라는 악귀는 부모에게 학대받은 아이들을 동화의

나라로 납치해 영혼을 그곳에 가둔다. 악귀에 대한 이러한 해석을 그저 드라마일 뿐이며, 판타지에서나 일어나는 일이라고 말할 것이다. 물론 그렇기는 하지만 첨단 과학의 시대라 불리는 오늘날에도 귀신이나 초자연적인 현상을 믿는 이들은 적지 않다.

인류의 역사를 돌이켜보면 과학의 영향력이 커진 것은 최근의 일이다. 역사 대부분은 마법이나 미신이 인간의 삶을 지배했다. 고대에는 마법과 과학이 뒤섞여 있었고, 심지어 종교도 그것들과 구분되지 않았다. 그러한 세상을 사는 사람들에게는 모든 것이 기적이었고, 또한 모든 것이 가능하게 보였다.

신의 노여움으로 인해 하늘에서 번개가 내리꽂힌다고 믿는데 인간이 늑대로 변한다는 이야기를 믿지 못할 이유가 없었다. 원자에 대한 개념이 아직 관념적인 수준을 벗어나지 못했던 시절에는 물질이 다른 물질로 변한다는 것이 전혀 이상하지 않았다. 그래서 사람들은 물질을 다른 물질로 바꿀 수 있다고 여겼다. 서양에서는 연금술사들이 값비싼 금을 만들기 위해 기꺼이 자신의 인생을 바쳤다. 마법사들은 다양한 마법 가루를 만드는 비전(祕傳)을 지녀 마법을 걸거나 환자를 치료했다. 중국에서는 도교

〈연금술사〉 윌리엄 더글라스 작

의 도사들이 불로불사의 약을 만들기 위해 다양한 시도를 했다. 그러나 연금술사나 마법사, 도사는 대부분 패가망신하거나 사기꾼이 되었다. 일부 약물이 질병에 효험을 보인 것을 제외하면 금을 만들거나 불로불사의 약을 만드는 것은 애초에 불가능한 일이었기 때문이다.

물론 이러한 주술적인 활동으로 인류는 화약과 같은 새로운 물질을 얻기도 했다. 또한 화학이나 약학과 같은 학문의 탄생에도 기여했다. 하지만 여기서 분명히 해둘 것이 있다. 이들의 행위가 화학 실험과 비슷하게 보여도 그건 화학 즉 과학이 아니라는 것이다. 일부 역사가들은 연금술이 과학 혁명과 관련 있거나 심지어 이끌어 냈다고 한다. 하지만 그렇게 보기는 어렵다. 천문학의 기원이 점성술이 아니듯이 화학의 기원은 연금술이 아니다. 조선의 기원을 고려라고 하지 않는 것

처럼 마법과 과학이 혼재되어 있다가 마법을 부정하고 합리성을 추구하며 과학은 갈라져 나왔다. 과학은 분명 마법과 다르다.

첨단 과학의 시대에 살고 있는데 누가 마법이나 미신 따위를 믿느냐고 반문할지도 모른다. 하지만 '간절히 원하면 온 우주가 도와준다'로 유명한 파울로 코엘료 소설 『연금술사』에 대중이 열광한 것만 보아도 신비주의를 향한 사람들의 큰 관심과 믿음을 알 수 있다. 신비주의에 기댄 파울로 코엘료의 소설은 많은 사람들이 읽지만 정작 칼 세이건의 『악령이 출몰하는 세상: 과학, 어둠 속의 작은 촛불(Demon-haunted world, 1994)』과 같은 책은 읽지 않는다. 아마 여러분도 세이건의 이 책에 대해 처음 들어 보았을 것이다. 이 책에서 세이건은 현대 사회에서도 여전히 마법과 미신이 판치고 있다고 경고한다. 물론 판타지를 즐긴다고 미신을 믿는다는 뜻은 아니다. 하지만 세이건이

칼 세이건

칼세이건의 책 『악령이 출몰하는 세상』

전하는 경고를 경청할 필요가 있다. 마법과 미신이 사이비 과학의 모습으로 여전히 우리 주변을 맴돌기 때문이다.

여러분은 판타지를 읽고 현실을 외면할 수도 있지만 회의적으로 바라보며 세상을 직시할 수도 있다. 첨단 과학의 시대라도 말하지만 아직도 악령이 판치는 세상이다. 이러한 어둠 속에서 바로 과학이 작은 촛불이 되어 준다는 것이 세이건의 외침이었다. 평생 과학의 대중화를 위해 노력하다가 세상을 떠난 세이건이 그리워지는 것은 왜일까?

그렇다면 요괴는 어떤 존재들인가?

> "니가 보고 싶어 하는 사람들은 널 보면 싫어할걸? 넌 이제 사람이 아니니까. 좀비. 유아 좀비."
>
> _〈화유기〉 중 손오공의 대사

『서유기』에 나오는 갖가지 요괴들은 과거 우리의 조상들이 세상을 해석하는 방법이었다. 세상 모든 것을 의인화하고 정령이 깃들었다고 여기면서 세상이 작동하는 방식을 이해하려고 했다. 과거에는 인간과 신, 요괴, 동물의 경계가 명확하지 않았고, 눈에 보이지 않는 초자연적인 힘에 의해 세상이 움직인다고 믿었다.

옛날 사람들이 그렇게 믿었던 것은 과학적으로 설명하는 법을 알지 못했기 때문이다. 과학적인 설명을 동원하지 않고 세상의 움직임을 설명한다고 생각해 보자. 여러분도 옛날 사람들과 마찬가지로 뾰족한 수가 없을 거다. 만일 쉬운 방법이 있다면 왜 엄마들이 아이에게 세상을 의인화시켜 설명하겠는가?

옛날에는 인간과 동물의 경계도 명확하지 않았다. 인간과 동물은 외모가 다르니 쉽게 구분할 수 있다고 여길 것이다. 하지만 단군 신화나 구미호의 전설을 보면 반드시 그런 것도 아니다. 동물은 초자연적인 힘에 의해 인간으로 변할 수 있었고, 동물들도 오랜 세월을 살다 보면 사람처럼 생각하게 될지도 모른다고 여겼다. 그러한 고대인들의 믿음을 바탕으로 『서유기』와 같은 이야기가 탄생했다. 문제는 그러한 믿음이 사라지지 않고 여전히 남아 있다는 것이다.

『서유기』에서 손오공이나 우마왕은 요괴다. 요괴는 어차피 상상 속 존재이니 다양한 능력을 지녔다 한들 이상할 것은 없다. 만일 현대에서 요괴들과 비슷한 존재들을 찾는다면 영화 〈엑스맨〉에 나오는 돌연변이를 들 수 있다. 물론 이 영화의 돌연변이는 과학에서 이야기하는 돌연변이의 개념과는 거리가 멀다. 도술을 사용하던 요괴를 단지 과학의 탈을 쓴 돌연변이로 바꾼 것뿐이다. 이 영화에서는 불을 발사하고 벽을 통과하며, 다른 사람의 생각을 읽어 내는 인물들의 초능력이 돌연변이를 통해 얻어졌다고 설정했다. 단지 과거의 도술이 현대의 초능력으로 변한 것뿐이다. 그러나 과학에서 말하는 돌연변이에는 어떤 '능력'과 관련된 개념이 전혀 없다.

『서유기』 속 요괴나 영화 속 돌연변이는 신에 버금갈 만한 능력을 지녔지만 이런 이들이 실제로 존재한다고 믿는 사람은 없을 것이다. 하지만 현실에서도 보통 사람과는 다른 초인적인 능력이 있다고 하는 사람들이 있다. 그들은 숟가락을 구부리거나 미래를 예견하고, 불이나 칼 위를 걸어 다니는 등 분명 남들과 다른 능력을 가진 듯이 보인다. 그렇다면 그들은 정말 과학으로 설명할 수 없는 초능력을 가진 것일까?

예로부터 남들과 다른 능력을 가진 도사나 무당, 주술사 그리고 소위 무림의 고수라고 불리는 사람들이 있었다. 그들은 공중 부양을 하거나 미래를 예견하고, 남들의 마음을 꿰뚫어 보거나 남들이 감히 흉내 낼 수 없는 무술 실력을 과시했다고 구전되어 온다. 이렇게 입에서 입을 통해 전해지는 많은 이야기들은 전달되는 과정에서 계속 이야기가 부풀려져 결국 사실보다 과장되는 것이 일반적이다.

공중에 밧줄을 띄워 놓고 하늘을 올라가거나 지팡이를 한 손으로 잡고 공중 부양을 하는 인도의 수도승 이야기처럼, 속임수임에도 불구하고 많은 사람들이 아무런 의심 없이 쉽게 믿었다. 사실은 어떤 것이었을까? 밧줄을 타고 하늘로 오를 수 있는 것은 밧줄 속에 쇠막대를 넣어서 밧줄을 꼿꼿하게 세웠기 때문이다. 또한 지팡이에서 소매로 연결된 부분에 쇠막대를 넣어 몸을 지탱했기에 공중부양이 가능했다.

아무리 많은 사람들이 지켜봤다고 해도 속이려고 마음먹은 뛰어난 주술사(또는 마술사)들이 거짓을 사실로 믿게 만드는 것은 그리 어렵지 않다. 오늘날에도 많은 마술사들이 수많은 시청자와 카메라가 지켜보

스위스의 쇼핑몰에서 숟가락을 구부리는 유리 겔러

는 가운데 도저히 믿을 수 없는 장면을 연출해 낸다. 이러한 마술(속임수)을 초능력이라고 속이는 사람들이 동서고금을 막론하고 늘 있어 왔다는 것이다. 대표적인 인물이 바로 유리 겔러다. 유리 겔러는 초능력으로 숟가락을 구부리는 시범을 보이며 세계적인 명성과 부를 거머쥐었다. 하지만 전직 마술사였던 제임스 랜디에 의해 그의 속임수가 들통나고 만다. 랜디는 자신의 테스트를 통과하는 초능력자에게 100만 달러를 주겠다는 '랜디 현상공모(The Randi Challenge)'를 실시해 수많은 초능력 도전자를 좌절시킨 것으로 유명한 인물이다. 이렇게 초능력에 대해 회의적인 이들을 회의주의자라고 한다. 랜디 이외에도 마틴 가드너, 칼 세이건과 많은 주류 과학자들이 바로 회의주의자다.

초능력에 대한 과학의 입장

물론 모든 과학자들이 초능력에 대해 회의적인 입장을 고수하는 것은 아니다. 초심리학(Parapsychology)을 연구하는 과학자들은 초감각적 지각(ESP, Extrasensory perception)나 염력(PK, Pychokinesis) 같은 것을 과학적으로 연구하려 하고 있다. 대표적인 인물이 1930년대 듀크 대학교의 조셉 라인 박사다. 그는 제너 카드(Zener cards)를 이용해 초능력의 존재를 증명한 최초 인물로 널리 알려졌다. 그는 무작위로 섞은 카드 5장을 피실험자에게 맞추게 하는 실험을 수만 번 이상 실행하여 통계적 기댓값인 20%를 웃도는 결과를 얻었다고 발표했다 (카드 5장 중에서 한 장을 우연하게 맞힐 확률은 20%다. 만일 초능력이 있다면 확률보다 높은 값으로 카드를 맞춰야 한다).

하지만 라인 박사의 실험도 회의주의자들은 인정하지 않는다. 겉보기에 통계적으로 유의미한 결과를 얻어 초능력이 실재하는 듯 보이지만 '라인 박사의 실험은 과학적인 실험 설계를 하지 못했다'는 절차상 문제를 들어 과학계에서는 이 결과를 인정할 수 없다는 입장이다. 라인 박사를 지지하는 사람들도 있지만 아직까지 이 실험은 과학적으로 인정받지 못하고 있다.

과학계에서 인정을 받지 못하자 미국의 초심리학자 찰스 호노튼은 간츠펠드 실험(Ganzfeld experiment)을 고안해 냈다. 이 실험은 외부 자극으로부터 감각을 완전히 박탈한 240명을 대상으로 했다. 만일 초능력이 없다면 그들이 카드를 맞출 확률은 25%였겠지만 실험결과 그보다 높은 34%로 나왔다. 그렇다면 이 실험결과로 ESP가 존재한다는 것이 증명된 것일까? 물론 이 실험 결과가 아

간츠펠트 텔레파시 실험에 참가한 참가자

직까지 밝혀내지 못한 인간의 초심리학적인 능력에 의한 것일 수도 있다. 하지만 이 실험에도 여러 가지 문제가 제기되어 주류 과학계에서는 아직 받아들여지지 않고 있다.

이렇게 ESP와 PK가 과학계에서 받아들여지지 않는 반면, 차력사들이 벌이는 놀라운 일들은 과학적으로 해석되어 누구나 수련을 충분히 하면 가능한 것으로 알려져 있다. 어떤 능력자만이 오랜 요가 수련을 거쳐서 엄청나게 많은 대못이 박힌 침대에 잘 수 있는 것처럼 보이지만 사실은 누구나 할 수 있다. 대못 침대에 눕기 위해 요가 수련 따위는 필요 없다는 것이다. 못이 많을수록 못 하나에 작용하는 압력이 줄어들기 때문에 침대에서 잠을 자고 싶다면 못을 더 촘촘히 박으면 다치지 않고 누울 수 있다. 또한 숯불 위로 걸어가는 것도 마찬가지로 발바닥에 조그만 물집이 생길 각오만 한다면 누구나 가능하다. 벌겋게 달아오른 숯불에 종이를 올려놓으면 분명 불타오르지만 놀랍게도 발바닥을 타게 하지는 못한다. 숯불의 온도는 높지만 열용량이 크지 않아 발바닥에 화상을 입힐 만큼 열에너지를 가지고 있지 못하기 때문이다.

날카로워 보이는 작두 위에 올라서는 것도 충분히 가능하다. 몇 년 전 나는 한 방송에 무속인들과 이 부분에 대해 이야기한 적이 있다. 나는 그 방송에서 진짜로 능력이 있다고 주장하려면 작두가 아니라 송곳 위에 올라가 보라고 말했다. 길이가 긴 작두 위에는 압력이 작아져 발바닥 피부가 견딜 수 있지만 송곳은 압력이 훨씬 커서 아무리 수련해도 올라갈 수 없기 때문이다. 신(귀신)의 도움으로 칼날 위에 설 수 있다면 송곳 위에는 왜 안 된다는 말인가? 송곳 위에 올라서는 사람이 없는 것은 작두를 타는 것이 초자연적인 존재에 의한 것이 아니라 요령껏 올라서는 것이기 때문이다.

그렇다면 초능력을 믿는 사람들은 나보고 작두를 탈 수 있느냐고 묻고 싶을 것이다. 물론 나는 작두를 탈 생각이 전혀 없다. 그건 작두 타기가 불가능해서가 아니라 맨손으로 암벽 등반을 하지 않는 것과 같은 이유다. 고소 공포증에 특별한 훈련도 하지 않은 내가 맨손 암벽 등반이 가능하다는 것을 보여 주기 위해 직접 등반할 이유는 없으니까.

드라마에서 일시적으로 시력을 잃은 우마왕이 다른 사람의 기(氣, Chi)를 느낀다고 말하는 장면이 있다. 기는 동양 철학에서 만물의 움직임을 설명할 때 사용하는 개념이다. 소림사 승려가 기 수련을 통해서 단단한 벽돌을 격파한다고 하는 것과 같이, 기는 만물의 움직임을 설명하는 본질이다. 그렇다면 벽돌이 부서지는 이유가 기 때문일까? 물론 기 때문일 수도 있다. 하지만 정체를 알 수 없는 기라는 개념을 통해 설명하는 것보다 더 명확하게 설명해 주는 이유가 있다면 그 대답을 채택하는 것이 옳다.

소림사 승려가 오랜 수련을 통해 벽돌을 격파할 수 있게 된 것은 맞다. 보통 사람이 그런 행동을 했다면 부상을 입기 때문이다. 하지만 그것은 신체 단련을 통해 근육과 같은 물리적인 능력이 향상되어서다. 벽돌은 압축력에 강하지만 인장력에는 약한 성질을 지닌다. 우리의 뼈나 근육 같은 신체 조직들은 압축력과 인장력에 모두 잘 견디는 구조로 되어 있다. 오랜 수련을 거친 승려가 손으로 벽돌을 내려치면 짧은 순간 벽돌은 휘어진다. 이때 손과 충돌한 지점은 압축력, 돌의 반대편은 인장력이 가해진다. 결국 인장력에 약한 벽돌은 손과 충돌한 반대편에서부터 쪼개지면서 두 동강 난다. 차력이나 무술 시범은 기나 어떤 신비한 힘의 존재 없이도 충분히 과학적인 설명이 가능하다는 것이다.

드라마에서 진선미가 삼장임이 밝혀진 뒤에는 요괴들이 삼장을 잡아먹으려 모여든다. 삼장의 피에서 연꽃향이 나기 때문이란다. 사람들마다 저마다 독특한 체취가 있고, 이것은 이미 과학적으로 밝혀져 있으니 문제될 것이 없다. 연꽃향이라는 것은 삼장의 체취에 대한 주관적인 평가이니 말이다.

그러나 우리가 흔히 '기를 느낀다'고 표현하는 이 '기'의 정체는 아직까지 과학적으로 입증된 바가 없다. 동양 문화에서 기는 널리 퍼져 있지만 그것이 실재한다는 그 어떤 증거도 없다. 물론 물리학이 밝혀낸 4가지 힘(강력, 약력, 전자기력, 중력) 외에 우리가 알지 못하는(찾지 못한) 제5의 힘이 존재할 수도 있다. 하지만 오늘날처럼 정밀한 측정 능력(두 사람 사이에 작용하는 기나 사랑이 아니라 끌어당기는 힘도 측정할 수 있다)을 지니고도 찾지 못한 힘이 존재한다고 믿는 것이 과연 현명한 일일까?

세상에는 우리가 아는 범위 내에서 합리적으로 설명할 수 있는 일만 일어나는 것도 아니다. 오히려 설명할 수 있는 것보다 없는 것이 더 많을 때도 있다. 그렇다고 해서 비과학적인 설명 방법을 택하는 게 옳은 것은 아니다. 일반인들이 종종 과학에 대해 오해하는 것이 있다. 과학자들이 '과학은 진실이다.'라고 주장한다고 여기는 것이다. 과학자는 자신의 주장이 진실이라고 말하지 않는다. 과학은 진실을 밝혀내는 것이 아니라 진실이 아닌 것을 제외시켜 오류를 줄여 나가는 과정이다. 다윈이나 아인슈타인처럼 혁명적인 관점으로 세상을 변화시키는 과학자는 드물다. 대부분의 과학자들은 칼 세이건의 책 제목처럼 악령이 출몰하는 어두운 세상에서 작은 촛불을 밝히는 사람들일 뿐이다.

물체의 운동 상태를 변화시키려면 물체에 힘이 작용해야 합니다. 물체란 생물과 무생물을 구분하지 않는 개념입니다. 살아 있건 죽어 있건 운동 상태를 변화시키려면 힘이 필요하다는 것입니다. 힘은 물체에 접촉해서 작용하기도 하고, 접촉하지 않은 상태에서 작용하는 힘도 있습니다. 중력이나 전기력, 자기력 등은 떨어져 있어도 작용하는 힘들입니다. 들고 있던 물체를 놓으면 아래로 떨어지는 것은 지구와 물체 사이에 중력이 작용하기 때문입니다. 하지만 마찰력이나 탄성력 같은 힘은 물체에 접촉했을 때 작용하는 힘입니다. 발로 땅을 밀면 발바닥과 지면 사이에 마찰력이 작용한다는 것을 느낄 수 있습니다. 또한 고무줄을 손으로 당겨야 고무줄이 늘어납니다. 힘이 작용하지 않는 물체는 자신의 운동 상태를 유지하려고 하는데 이를 관성이라고 합니다. 우리는 가만히 있던 물체는 저절로 움직이지 않는다는 것을 알고 있습니다. 세상에 저절로 움직이는 것은 없습니다.

▶ 인간이 날씨를 조절하는 세상이 열린다

쓸쓸하고 찬란하神 도깨비 1

"너와 함께한 시간 모두 눈부셨다.

날이 좋아서,

날이 좋지 않아서,

날이 적당해서,

모든 날이 좋았다."

<쓸쓸하고 찬란하神-도깨비> 중 도깨비 김신의 대사

추운 겨울 시청자의 마음을 따스하게 어루만져 준 이 드라마는 전생과 현생이 교차하고 인간과 신이 등장하는 일종의 판타지물이다. 드라마는 탄탄한 스토리와 함께 배우들의 뛰어난 연기 덕분에 엄청난 성공을 거둔다. 물론 스토리와 배우의 연기가 뒷받침되지 않고 성공한 드라마가 없으니 사실 이건 특별한 이유라고 할 것은 없다. 아마도 추운 겨울이라는 시간적 배경과 함께 정치적, 경제적 혼란기였던 시절 사람들에게 희망을 주었다는 것이 더 중요한 요인이었을지도 모른다. 힘든 세상에서 기적을 이뤄 줄 존재가 있음을 꿈꿔 보는 것만으로도 사람들에게는 큰 위안이 되었다.

드라마를 쓴 김은숙 작가는 도깨비와 저승사자라는 전통적인 소재를 현대적으로 재해석하여 한 편의 멋진 로맨틱 판타지를 탄생시켰다. 드라마 속 도깨비는 "금 나와라 뚝딱" 하며 왜색 짙은 방망이를 휘두르거나 설화 '혹부리영감'에서처럼 어설픈 속임수에 넘어가는 어리숙한 요괴가 아니다. 드라마에서는 도깨비에 대한 전통적인 이미지를 한 번에 날려 버릴 만큼 도깨비가 멋지게 그려지는데, 오히려 이쪽이 더 진짜 도깨비처럼 느껴진다. 현 시대에 맞게 도깨비를 등장시켜 이전 도깨비보다 개연성 있게 느껴졌기 때문이다.

　김신(공유 분)은 불멸의 삶을 살며 기적을 일으켜 인간을 돕거나 소원을 들어주는 멋진 도깨비다. 막대한 부를 소유하고, 순간 이동을 할 수 있으며 괴력과 초능력을 발휘해 악당을 물리치기도 한다. 그의 또 다른 능력은 날씨를 조절하는 것이다. 여주인공 은탁(김고은 분)이 남주인공 도깨비에게 사랑 고백을 듣고 싶어 하자 도깨비는 성의 없이 사랑한다고 말한다. 그 말이 떨어지자 비가 내리고 은탁은 비를 보며 서운해한다. 바로 도깨비가 슬퍼하면 비가 내린다는 것을 알기 때문이다.

도깨비는 레인메이커?

비를 내려 주세요~

레인메이커는 도깨비일까? 아니면 과학 기술일까?

도깨비처럼 비를 내리게 하는 존재를 '레인메이커(Rainmaker)'라고
부른다. 오늘날 레인메이커는 기업에 많은 이득을 내는 능력이 출중
한 사람이나 물건을 뜻한다. 하지만 원래는 미국 인디언 사회에서 기
우제(祈雨祭)를 지내는 주술사를 가리키는 말이었다. 가뭄일 때 인디

언 주술사는 비가 내릴 때까지 기우제를 올렸다. 기우제를 지내 비를 오게 하는 그들의 능력은 출중해 보일 수밖에 없어서, 그들을 '비를 부르는 자' 즉 레인메이커로 불렀던 것이다.

도깨비에게 이러한 레인메이커의 이미지가 있는 것은 예로부터 날씨가 인간의 삶을 좌우하는 중요한 요인이었기 때문이다. 농경 사회에서 비는 민초들의 생사를 좌우했다. 강수의 원리를 몰랐던 시절에는 기우제를 지내 신의 뜻에 기댈 수밖에 없었다. 과거 많은 농경 문화권에서 레인메이커의 역할 혹은 그러한 주술이나 제례가 있었다. 그렇다면 그것이 효과가 있었을까? 효과가 있었다. 좀 더 정확하게 말한다면 그들의 능력은 효과가 있는 듯이 보일 때가 많았다. 효과가 없다면 그렇게 많은 곳에서 레인메이커들이 활동하지 못했을 테니까 말이다.

많은 레인메이커는 비가 올 때까지 기우제를 지냈다. 비가 올 때까

에디오피아 동부 도시 하라르에서 기우제를 지내고 있는 주민들의 모습

지 기우제를 지냈으니 당연히 레인메이커는 능력이 있는 듯 보였다. 이건 '바늘 하나로 코끼리를 죽이는 방법'이라는 농담과 비슷하다(바늘로 코끼리를 찔러 놓고 죽을 때까지 기다리거나 죽을 때까지 찌르면 모든 코끼리는 반드시 죽는다!). 만일 기우제를 계속 지냈지만 비가 내리지 않았다면 기우제를 지내는 사람의 정성이나 능력이 부족한 탓으로 돌렸다. 즉 기우제 자체가 소용없다는 생각은 하지 않았다. 그래서 강우를 과학적으로 이해하기 전까지 기우제가 계속 있었다.

농경 사회에서 날씨가 사람의 생사를 좌우한다고 해서, 농사에만 중요한 것은 아니었다. 바람의 방향이나 세기에 따라 돛단배의 경우는 운행 속도가, 화살은 날아가는 거리가 달라진다. 특히 불화살로 화공을 펼칠 때 바람의 방향은 전투의 승패를 가르는 중요한 요인이다. 이것을 효과적으로 이용한 가장 유명한 전투가 208년에 조조와 손권(유비와 연합군) 사이에 벌어진 적벽대전이다. 20만 명이 넘는 조조의 대군을 손권의 5만 군사가 물리칠 수 있었던 것은 유비의 책사 제갈공명의 책략 덕분이었다. 제갈공명은 풍향의 변화를 잘 알고 있어서 이를 이용해 화공으로 조조의 대군을 물리쳤다.

날씨가 돛단배나 화살처럼 고전적인 무기에만 중요한 것은 아니다. 날씨는 고대 전쟁뿐 아니라 현대전에서도 여전히 중요하게 작용했다. 1944년 6월 6일 사상 최대의 작전이라고 불리는 노르망디 상륙 작전이 성공할 수 있었던 것도 날씨 덕분이다. 6월 5일에 상륙하기 좋을 것이라는 기상 예보를 받고 작전을 개시했지만 6일이 되어도 날씨는 좋지 않았다. 워낙 대규모 작전이라 날짜를 바꾸기 어려웠던 연합군은 그대로 작전을 진행했다. 하지만 악천후는 오히려 연합군에게 득이 되었다. 독일군은 날씨가 좋지 않아 연합군이 그날 상륙할 것이라고 예측하지 못해서 롬멜을 비롯한 많은 장교들이 휴가를 가거나 경계를 풀었기 때문이다. 이 작전의 성공을 두고 아이젠하워 장군은 "훌륭한 장군은 전략을 세우고, 유능한 장군은 병참을 공부한다. 그러나 전쟁에서 승리하는 장군은 날씨를 아는 장군이다."라는 유명한 말을 했을 정도다.

어떻게 모든 날이 좋을 수 있을까?

첨단 과학의 시대로 불리는 오늘날에도 날씨는 여전히 중요하다. 날씨는 지금도 인간의 활동에 큰 영향을 준다. 대규모 행사를 치르기 위해서는 날씨가 뒷받침되어야 한다. 원하는 날씨를 얻기 위해 과거에는 기우제를 지내 하늘의 뜻에 기댈 수밖에 없었지만 앞으로는 인간의 힘으로 날씨를 조절할 수 있을지 모른다.

2008년 베이징 올림픽 개막식 때 호우를 동반한 천둥 번개가 예보되었다. 중국 정부는 베이징으로 비구름이 몰려드는 것을 막기 위해 하루 전날 주변에 있는 비구름에서 미리 비를 내리게 만들었다. 베이징에 내릴 비는 전날 다른 곳에서 내렸고, 쾌청한 날씨에 올림픽 개막식을 치렀다. 덩달아 중국의 기술력을 세계에 선보이는 기회까지 되었다. 중국뿐 아니라 이제 각국에서는 인간의 힘으로 날씨를 변화시키려고 노력 중이다.

날씨 변화는 은탁이 김신을 향해 입으로 작은 바람을 일으켜 민들레 홀씨를 날리는 것처럼 사소한 변화에서 시작된다(입으로 날씨 변화를 일으킬 수 있다는 의미는 아니니 오해하지는 말자). 태양에 의해 가열된 지표면 중 주변보다 기온이 높은 곳의 공기는 상승하고 낮은 곳의 공기가 하강한다. 이것을 '지표면의 부등가열'이라고 한다. 부등가열은 동일하게 태양에서 복사열이 비추더라도 지표면의 온도가 차이나는 현상이다.

육지와 바다처럼 비열(어떤 물질 1g의 온도를 1℃ 높이는 데 필요한 열량을 비열이라고 한다. 바다는 육지보다 비열이 커서 동일한 열을 받아도 온도가 작게 올라간다.)이 차이 나거나 지형, 햇빛의 투과 정도 등 다양한 요인으로 인해 동일한 복사선을 받아도 지표면의 공기 온도에는 차이가 생긴다. 지표면의 부등가열로 인해 기온이 높은 곳에는 공기가 상승하여 주변보다 기압이 낮아진다. 반대로 기온이 낮은 곳은 공기가 하강하여 기압이 높아진다. 이때 주변보다 기압이 낮은 곳을 저기압, 기압이 높은 곳을 고기압이라고 한다.

상승하는 공기는 어떻게 될까? 산으로 올라가면 공기가 희박해지듯 고도가 높아지면 기압이 내려간다. 상승하는 공기 덩어리는 주변의 기압이 낮아져 점점 팽창하여 내부의 온도가 내려간다(이를 단열팽창으로 인한 기온하강이라고 한다). 기온이 내려간 공기 덩어리의 온도가 이슬점(수증기가 응결하여 물방울이 형성되는 온도)이 되면 그때 구름이 만들어진다. 사람의 기분이 좋지 않을 때 '저 사람 오늘 저기압이다'라고 표현을 사용한다. 저기압에서 뿌연 구름이 만들어지는 것과 같이 얼굴빛이 좋지 않은 것을 나타내는 말이다. 여기서 저기압이라는 말을 사용하는 것은 고기압이 형성될 때는 있던 구름도 사라져서 날씨가 맑아지기 때문이다.

문제는 구름이 생긴다고 무조건 비가 내리는 것은 아니라는 거다. 구름을 구성하는 물방울이나 얼음 알갱이의 크기는 너무 작아서 지상으로 낙하할 수 없다. 이것은 방 안의 먼지가 둥둥 떠다니며 가라앉지 않는 것과 같다. 따라서 구름에서 비가 내리려면 물방울이 뭉쳐서 커져야 한다. 물방울이 뭉쳐지려면 구름씨라는 응결핵이 필요하다. 아이들이 여러 명 있어도 놀이를 하려면 항상 리더 역할을 하는 친구가 필요한 법이다. 마찬가지로 물방울을 모아서 형성하는 데 중심이 되는 것이 응결핵이다.

날씨를 조절하는 도깨비 같은 과학 기술

인공강우(강설)는 드라이아이스나 아이오딘화은(AgI)과 같은 응결핵을 구름에 살포해 빗방울을 만드는 기술이다. 다만, 구름이 있어도 그 속에 수증기량이 충분해야만 효과적인 강수를 기대할 수 있다. 아직까지 구름이 없는 곳에서 비를 내리게 하지는 못한다.

물론 날씨를 조절하는 데는 비를 내리게 하는 것만 있는 것은 아니다. 비가 오는 것이 좋을 때도 있지만 비가 너무 많이 와도 좋지는 않다. 특히 우박처럼 농작물에 피해를 많이 주는 것도 막아야 한다. 농작물 수확기에 우박이 내리면 농가가 큰 피해를 입어서 이를 방지하기 위한 기술도 있다. 또한 교통사고를 유발하는 안개를 없애는 안개 소산 기술도 있다. 안개 소산은 안개를 흩어지게 하는 것이다. 교량 위를 가열하여 기온을 높여 안개를 없애는 것이 그러한 예다. 문제는 이러한 기술을 사용하려면 비용에 비해 이익이 많아야 한다는 것이다. 날씨를 변화시키는 데 막대한 예산이 들어간다면 무용지물인 셈이다. 그런 측면에서 본다면 쉽게 날씨를 변화시키는 도깨비의 능력이 참으로 부럽기만 하다.

방송국 PD가 된 은탁. 어느 날 라디오를 진행하던 은탁은 실수로 겨울의 기온을 너무 높게 발표했다. 이 방송을 들은 도깨비 김신이 어떻게 했을까? 바로 방송국 앞의 기온을 높게 만들어 버린다. 태양의 고도가 높아지면 자연적으로 기온이 올라간다. 이것이 동지에서 춘분으로 가면 기온이 올라가는 이유다. 하지만 아무리 도깨비라고 한들 태양의 고도를 마음대로 바꿀 수는 없었나 보다. 방송국 앞만 기온이 높아졌으니 말이다. 태양의 고도를 높인 것이 아니라면 난방을 하듯 열에너지를 공급한 것으로 볼 수 있다. 방송국 주변에서 방송국 앞으로 열에너지를 이동시킨 것이다. 열은 에너지의 일종으로 사라지거나 생성되지 않기 때문이다. 그렇게 되면 문제가 간단히 해결될까? 물론 은탁과 김신의 바람대로 방송국 앞의 기온은 올라갈 것이다. 하지만 방송국으로 열이 이동한 만큼 다른 곳의 기온은 내려가 더 추워졌을 것이다. 누군가에게 이득이 누군가에게는 손해가 된다. 이것이 기상 조절에 신중해야 하는 이유다.

이와 같이 기상 조절은 누군가에게 도움이 되어도 누군가에게는 해가 될 수 있다. 대기 중 수증기의 양은 거의 변화가 없는데 이동 중인 비구름에서 먼저 물을 뽑아내 버리면 다른 지역에 뜻하지 않은 가뭄이 닥칠 수 있다는 것이다.

1961년 미국 정부는 스톰퓨리 프로젝트(StormFury Project)라는 이

1966 스톰퓨리 프로젝트에 참여한 사람들의 모습

름으로 허리케인을 약화시키려는 시도를 했다. 결국 비용과 위험 부담에 비해 효과를 검증하기 어려워 프로젝트는 폐기되었다. 이때 일부 주민들은 과학자들의 허리케인 실험이 실패로 돌아가 허리케인의 진로가 바뀌어 피해를 입었다고 주장했다. 실험으로 허리케인의 진로가 변경되었다고 생각한 피해 지역 주민들은 미국 정부를 고소했다. 이 고소는 과거에도 허리케인의 진로가 갑자기 바뀐 사례를 찾은 후에 취하되었다.

영화 〈설국열차(2013)〉에도 기후를 조절하는 것이 얼마나 위험한 것인지 잘 묘사된다. 이 영화는 꽁꽁 얼어 버린 지구가 배경이다. 지구가 왜 얼어 버렸을까? 그것은 아이러니하게도 온실 효과를 막기 위해 공중에 살포한 CW7이라는 물질 때문이다. CW7의 효과가 좋아서 오히려 지구의 온도를 지나치게 떨어트려 그만 빙하기가 온 것이다. 온실 효과를 바로잡거나 날씨를 변화시킬 때는 그만큼 신중해야 하는

영화 〈설국열차〉 속 바깥세상

것이다.

드라마에서 도깨비는 은탁을 위해 날씨를 변화시킨다. 날씨를 변화시키는 것은 단지 한 사람을 위한 일이 아니라 인류의 역사를 좌우하고 한 나라의 운명을 바꿔 놓을 만큼 중요한 일이다. "날이 좋아서, 날이 좋지 않아서, 날이 적당해서, 모든 날이 좋았다."라는 김신의 말처럼 기상조절 시스템으로 이득을 더 많이 얻으려면 날씨 변화에 대한 세심한 연구가 선행되어야 한다. 기상조절 기술이 뜻하지 않은 문제를 야기할 수도 있기 때문이다. 온실 가스를 통해 이미 인간은 기후를 변화시키고 있다. 인간이 기후를 변화시키는 것이 아니라 "기상조절 기술과 함께한 모든 날이 좋았다."라고 말할 수 있는 날이 오기를 기원해 본다.

온도는 물체가 가진 '따뜻하거나 차가운 정도'를 나타내는 말입니다. 열은 온도가 높은 물체에서 낮은 물체로 이동하는 것을 말합니다. 따라서 열과 온도는 다른 개념입니다. 열은 에너지의 일종이며, 온도는 그 정도를 나타냅니다. 분자나 원자의 운동이 활발하면 그만큼 온도는 높습니다. 따라서 열이 이동한다는 것은 물체가 가진 분자의 운동에너지가 다른 물체의 운동에너지로 전달되었다는 뜻입니다. 따라서 온도가 높은 물체의 분자는 그만큼 운동에너지가 많아서 활발하게 운동합니다. 고체 상태일 때는 물체는 제자리에서 진동 운동만 하다가 온도가 높아지면 분자들 사이의 결합을 끊고 운동할 수 있게 됩니다. 이것이 물질의 '상태변화'입니다. 얼음에 열이 공급되면 물 분자의 운동에너지가 커져 얼음은 물로 상태가 변하게 됩니다. 그래서 열은 물체의 상태를 변화시키는 원인이라고 합니다.

▶ 미래를
알고 싶은 사람들이
'도깨비'를 만든다

쓸쓸하고 찬란하神 도깨비 2

누구의 인생이건

신이 머물다 가는 순간이 있다.

당신이 세상에서 멀어지고 있을 때

누군가 세상 쪽으로 등을 떠밀어 주었다면 그건,

신이 당신 곁에 머물다 가는 순간이다.

<도깨비> 홈페이지 중

불멸의 삶을 끝내기 위해

인간 신부가 필요한 도깨비 김신. 그와 기묘한 동거를 시작한 기억상실증 저승사자. 그리고 '도깨비 신부'라 주장하는 '죽었어야 할 운명'의 소녀 지은탁이 벌이는 낭만 가득한 판타지 로맨스 드라마 〈쓸쓸하고 찬란하神-도깨비〉.

김신은 원래 고려의 무신(武臣)이었다. 전장에서 수많은 전공을 세운 덕분에 백성들로부터 신(神)으로 추앙받을 만큼 존경을 한 몸에 받는 인물이다. 하지만 김신의 충성심이 불편했던 간신 박중헌은 임금에게 김신이 역모를 꾸민다고 이간질한다. 임금은 김신의 인기를 시기하며 그를 역적으로 몰아간다. 결국 김신은 사랑하던 사람들의 죽음을 지켜보며 자신도 억울한 최후를 맞게 된다. 이를 지켜본 신(神)은 김신에게 불멸의 삶을 준다. 그 덕분에 김신은 고려에서 현대까지 도깨비로 살아남는다.

많은 사람들이 불멸의 삶을 희망하지만 도깨비 김신에게는 그러한 삶이 축복인지 확실하지 않다. 상인지 벌인지 알 수 없는 불멸의 삶을 산 김신은 어느덧 939살이다. 그의 삶을 끝낼 수 있는 것은 도깨비 신부밖에 없다.

이 드라마는 사랑하는 이의 손에 죽어야 하는 도깨비와 도깨비 신부의 슬픈 러브스토리, 뛰어난 패션 감각을 지닌 도깨비와 저승사자가 한 집에서 동거한다는 독특한 설정과 전생의 연이 현생에 이어지는 이야기로 큰 인기를 끌었다. 흥미로운 것은 과학자들도 도깨비를 좋아한다(?)는 것이다. 과학의 역사에도 도깨비가 등장한 경우가 있었다. 그 유명한 도깨비의 이름은 '라플라스의 도깨비'와 '맥스웰의 도깨비'다. 물론 이 두 도깨비는 드라마 속 도깨비처럼 기적을 일으켜 인간에게 직접 도움을 주지는 않았다. 이 도깨비들의 활약 무대는 과학과 철학 분야였기 때문이다.

완벽한 세상에서 신의 자리는 없다

극 중 삼신할매와 신(神)이 술 한잔 기울이며 대화한다. 삼신할매가 신에게 "왜 세상을 완벽하게 창조하지 않았지?"라고 묻자 신은 "세상이 완벽하면 인간이 신을 찾지 않거든."이라고 대답한다.

불완전한 세상에 대한 참으로 완벽한 신의 변명이 아닐 수 없다. 인간이 자신을 찾도록 만들고자 불완전하게 세상을 창조했다는 신. 신의 입장에서야 이해되지만 그러한 세상을 살아가야 하는 인간들의 입장에서는 하루하루가 힘들고 벅차다. 내일은 어떤 일이 벌어질지 알수 없어 불안하기 때문이다.

내일은 좋은 일이 일어날 거라는 희망을 안고 살지만 사실 그렇지 않을 때도 많다. 그래서 인간들은 미래에 어떤 일이 일어날지 알고 대비하고 싶어 했다. 인간이 모여 살기 시작하고 문화가 생겨나자마자 가장 먼저 권력을 쥔 사람이 무당이었다. 무당이 용하건 말건 그건 중요하지 않았다. 나약한 인간의 속성상 무당이 설 자리는 언제든 만들어지기 때문이다.

미래에 대해 아무런 전망도 없는 것보다는 설령 비합리적인 예측이라도 있는 것이 마음의 위안이 된다. 그로 인해 과거에는 무속 신앙을 만들어 냈고, 그 후에는 종교도 탄생시켰다. 종교인의 입장에서는 신이 존재하기에 당연히 종교가 있는 것이라고 믿겠지만 신의 존재 유무와 상관없이 인간이 종교를 만들어 낸 것만은 분명하다. 인간이 있으니 종교가 있는 것이지 종교가 있고 인간이 나타난 것은 아니기 때문이다. 종교도 인간의 발명품이며, 인간은 미신과 종교를 찾아 불완전한 미래에 대한 부족함을 메우려 해왔다.

완벽한 세상에는 불확실한 미래 따위는 없다. 따라서 완벽한 세상에서 인간은 더 이상 신을 찾을 필요도 없다. 모든 것이 결정되어 있어서 신처럼 미래를 내다볼 수 있기 때문이다. 이와 달리 결정되지 않은 미래는 불안감을 준다. 사람들은 직장을 옮기거나 잃으면 심각한 스트레스를 받는다. 거짓말을 하고 나면 들킬까 봐 조마조마하다. 죄를 짓고 도망을 다니는 사람은 언제 잡힐지 몰라 힘들다. 모두 알 수 없는 미래에 대한 불확실성 때문이다.

드라마 속 도깨비 김신은 미래를 볼 수 있는 능력이 있어 사람들을 도와준다.

미래를 내다본다는 것은 미래가 이미 결정되어 있어야 가능한 것이다. 마찬가지로 저승사자가 명부를 들고 죽을 사람을 찾아가는 것도 미래의 죽음이 이미 결정되어 있기에 가능한 것이다.

만일 우리가 살고 있는 세상이 이렇다면 이 세상은 '결정론적'이다. 처음이 결정되면 나머지 즉 미래가 결정되기 때문이다. 하지만 이 드라마가 결정론적 세계관을 토대로 하고 있다고 단정 지을 수는 없다. 인물들의 선택에 따라 저승사자가 지닌 명부가 변하기 때문이다. 즉 미래는 완전히 결정되어 있지 않아 변경할 수 있다는 것이다.

드라마에 등장하는 이 두 가지 상충되는 세계관은 고대 철학자부터 현대 과학자들까지 수많은 학자들이 고민했던 부분이기도 하다.

미래가 결정되어 있을 거라는 암시는 이미 고대 그리스의 원자론에서 시작된다. 세상이 원자로 이뤄져 있다면 원자의 움직임만 알면 미래를 알 수 있기 때문이다. 이것을 과학적으로 논한 사람은 프랑스의 수학자이자 철학자인 피에르 라플라스다.

피에르 라플라스

라플라스는 "우주를 구성하는 모든 원자의 정확한 위치(x)와 운동량(p)을 알고 있는 '어떤 존재가 있어서' 뉴턴의 물리 법칙을 적용한다면 과거뿐 아니라 미래를 정확하게 예측할 수 있다."고 생각했다. 뉴턴의 운동 제2법칙에 따르면 물체에 힘이 작용하면 운동량(운동량은 질량에 속도를 곱한 물리량이다.)의 변화가 생긴다. 따라서 물체의 위치와 운동량의 변화를 알게 되면 운동 법칙에 대입해 물체의 위치와 속도(과거든 미래든 시간에 상관없이)를 구할 수 있다.

뉴턴 역학에 따르면, 당구공의 충돌 전 속도와 질량을 알면 충돌 후 두 당구공의 속도를 계산할 수 있어 당구공이 어디에 있을지 알 수 있다. 마찬가지로 우주가 당구공처럼 생긴 원자(실제로 원자는 당구공처럼 생긴 것은 아니다.)로 이뤄졌다면 그 움직임을 예측할 수 있다는 것이다. 물론 당구공 두 개가 충돌할 경우에는 계산이 간단하지만 충돌하는 물체의 개수가 늘어나면 계산이 엄청나게 복잡해진다. 그래서 우주에 있는 모든 원자의 운동량을 계산할 수 있는 이는 오직 신적인 존재밖에 없다. 이러한 신적인 존재를 '라플라스의 도깨비(악마)(Laplace's demon)'라고 한다. 종종 라플라스의 도깨비는 모든 것을 아는 전지(全知)한 존재로 불리는데, 그 이유가 바로 계산으로 물체(우주)의 미래를 내다볼 수 있기 때문이다.

'기적'은 어디서 올까?

**"보통의 사람은 기적의 순간에 멈춰 서서 한 번 더 도와 달라고 하지.
당신이 거기 있는 것을 다 안다고. 마치 기적을 맡겨 놓은 것처럼.**

하지만 기적을 바라는 사람에게는 절대 가지 않는다."

_〈쓸쓸하고 찬란하神—도깨비〉 중 도깨비 김신의 대사

당구공의 충돌 장면을 촬영한 후 역으로 재생해도 전혀 이상하지 않다. 한순간의 물리적인 값만 알면 충돌 장면으로 역으로 재생하는 것처럼 모든 것이 결정된다. 당구공의 충돌은 한순간만 알면 당구공의 충돌 전후를 모두 알 수 있는 것이다. 라플라스가 상상한 이러한 세상을 '결정론적 우주'라고 부르는 것은 한 시점의 상태를 알면 과거와 미래가 모두 결정되기 때문이다. 모든 것이 정해진 결정론적 우주에서는 신이 기적을 행할 자리 따위는 존재하지 않는다. 그렇다고 신이 존재할 수 없다는 뜻은 아니다. 세상이 처음 탄생할 때 신의 의지가 반영될 수도 있다. 여기서 신이 기적을 행할 수 없다는 것은 일단 우주를 탄생시키고 나면 모든 것이 정해진다는 뜻이며, 그러한 세계관이 바로 결정론적 우주관이다.

다행인지 불행인지 우리의 우주에서는 라플라스의 도깨비 즉 세상 모든 것을 알고 있는 전지한 존재가 있을 수 없다. 그건 신의 능력 문제가 아니라 과학 원리상의 문제다. 아무리 뛰어난 존재여도 과학적으로 금지된 즉 원리적으로 불가능한 일을 할 수는 없기 때문이다.

하이젠베르크의 '불확정성의 원리'에 따르면 위치와 운동량을 동시에 정확하게 측정하는 것은 불가능하다. 위치를 정확하게 측정하려고 하면 운동량의 불확정도가 커지고, 운동량을 정확하게 측정하려고 하면 위치의 불확정도가 증가한다. 이것은 능력 문제가 아니라 우리 우주가 존재하는 방식이다. 아무리 과학 기술이 발달해도 즉 라플라스의 도깨비라고 하더라도 '불확정도가 0(정확하게 측정할 수 있다는 의미)'이 되도록 할 수는 없다. 정확하게 측정해야 원자의 미래를 예측할 수 있는데 그럴 수 없으니 미래를 정확하게 알 방법은 없다.

하이젠베르크

위치와 운동량을 동시에 정확하게 측정할 수 없다 해도 이것은 원자보다 작은 세상을 지배할 뿐이다. 우리의 일상과 같은 거시 세계에서는 양자역학적 효과를 관측하기 어렵다. 당구공의 충돌을 예로 들어보자. 우리는 아주 정밀하게 당구공의 위치와 속도, 질량을 측정할 수 있다. 따라서 당구공이 충돌 후에 어느 방향으로 진행할지 정확하게 예측할 수 있다. 우리는 당구공의 충돌과 같이 충돌 후 세상이 어떻게 진행될지 알 수 있는 그러한 세상에 살고 있는 거다.

다시 말해 불확정성의 원리는 원자와 같은 미시적 세계를 지배하는 법칙으로 거시적인 세계에서 양자역학적 효과를 관찰하기는 어렵다. 그래서 불확정성의 원리를 거시적인 현실 세계에 적용해 미래를 결코 알 수 없다고 말하는 것은 사실 지나친 비약인 셈이다. 현실 세계에서는 불확정성 원리에 의한 효과가 너무 작아서 이를 무시할 수 있다. 총알보다 빠른 미사일을 격추하는 일이 가능한 것만 봐도 물체의 운동을 예측하는 것이 불가능한 것처럼 보이지는 않는다. 세상을 완벽하게 예측할 수는 없어도 어느 정도는 가능하다는 거다.

여하튼 불확정성 원리로 인해 결정론적 세계관은 설자리를 잃어버렸다. 세상을 완벽하지 않게 만들어 버렸다는 것이다. 뉴턴 역학(뉴턴의 운동법칙으로 기술되는 고전 역학)으로 대변되는 결정론적 세상을 통계적으로 바꿔 버렸다. 뉴턴 역학이 바라보는 우주는 시계처럼 정확하게 움직이는 기계적인 세상이다. 물체 간에 서로 힘이 작용하면 어떤 운동을 하는지 뉴턴 역학으로 정확하게 예측이 가능하다.

한편 통계 역학(통계학을 적용한 물리학의 분야)은 학문의 이름에서 알 수 있듯이 세상을 확률적이라고 본다. 어떤 것도 확실하게 말할 수 없으며, 단지 확률적으로 말할 수밖에 없다는 것이다. 예를 들어, 내일 비가 올 확률이 60%라고 이야기하는 것처럼 수많은 입자들의 운동을 통계적으로 묘사하는 것이 통계 역학이다.

통계 역학은 단순히 역학을 확률적으로 표현하는 것으로 끝나는 것이 아니다. 통계 역학은 세상 일이 돌아가는데 왜 방향성이 있는지도 설명해 준다. 온도가 높은 물체에서 낮은 물체로 열이 이동하고, 물속에 잉크 한 방울 떨어트리면 잉크는 흩어질 뿐 모이지 않는다. 왜 그럴까? 그건 그렇게 될 확률이 가장 높기 때문이다. 따뜻한 물 한 잔을 탁자 위에 두면 식어서 주변 온도와 같아질 확률이 가장 높다. 반대로 주변에서 열이 이동해 물의 온도가 올라갈 확률은 매우 낮다(우주의 나이보다 오래 기다려도 일어나지 않을 만큼).

이처럼 세상은 일어날 확률이 가장 높은 방향으로 흘러간다. 자연은 한쪽으로 진행할 뿐 반대쪽으로 진행하지는 않는다. 그리고 통계역학은 세상이 왜 그렇게 흘러가는지 그 방향성을 알려 준다.

엔트로피 세상에 출현한 도깨비

단순하게 이야기하면 열 역학은 열이라는 물리적 현상을 역학적으로 고찰하는 학문이다. 통계 역학은 통계라는 말에서 알 수 있듯이 '확률의 물리학'을 뜻한다. 지금이야 확률의 물리학이라고 간단하게 말하지만 이 말이 처음부터 쉽게 받아들여진 것은 아니다. 과학이 확률적이라는 것은 결과를 정확하게 알 수 없다는 뜻이다. 그래서 19세기 말의 물리학자들은 이를 쉽게 받아들이지 못했다.

왜 당시 물리학자들이 확률의 물리학을 받아들이기 힘들었는지 뉴턴의 가속도 법칙 $(a=\frac{F}{m})$을 예로 들어 보자. 가속도 법칙에 따르면 물체에 작용한 힘(F)과 질량(m)을 알면 가속도를 구할 수 있다. 이것은 확률적인 법칙이 아니라 힘과 질량을 알면 물체의 가속도를 알 수 있다. 따라서 시간에 따른 물체의 운동 상태를 언제든 정확하게 알 수 있다. 물리학자들은 물리 법칙에 따라 세상이 정확하게 움직이며, 만물의 움직임을 기술할 수 있는 법칙을 탐구하는 것을 소명으로 여겼다. 그러니 세상의 움직임이 확률적이라는 '불경한 생각'을 쉽게 받아들일 수 없었다.

맥스웰

　뉴턴 역학과 같은 고전 역학의 틀을 깨고 새로운 개념인 통계 역학의 탄생에 중요한 기여를 한 과학자가 바로 맥스웰과 볼츠만이다. 맥스웰은 전자기 역학 법칙을 통합한 맥스웰 방정식으로 널리 알려진 인물이다. 맥스웰 방정식은 전기장과 자기장의 관계를 통합적(전기 현상과 자기 현상을 하나로 묶어)으로 기술하는 방정식으로, 전자기학의 가장 기본 법칙이다. 맥스웰은 열 역학 제2법칙(엔트로피 증가 법칙)을 연구하면서 엔트로피(entropy)를 줄일 수 있는 '맥스웰의 도깨비(Maxwell's demon)'를 생각해 냈다. 물론 독실한 기독교도인 맥스웰은 도깨비라는 이름을 사용하지 않았다. 하지만 과학자들은 이 놀라운 능력의 존재를 '맥스웰의 도깨비'라고 불렀다.

　맥스웰의 도깨비를 설명하려면 우선 엔트로피의 개념부터 알아야한다. 엔트로피는 무질서한 정도를 나타내는 열 역학 용어다. 무질서도는 말 그대로 질서 없이 흐트러진 정도를 나타낸다. 열 역학은 프랑스의 포병 장교이자 공학자였던 카르노가 증기 기관의 효율을 높이기 위해 노력한 것에서 시작되었다. 즉 열과 일의 관계를 밝히려는 연구에서 탄생한 것이 열 역학이다. 열 역학 법칙은 크게 열 역학 제1법칙(에너지 보존 법칙)과 열 역학 제2법칙(엔트로피 증가 법칙)으로 두 가지가 있다. 열 역학 제1법칙은 에너지가 다른 형태의 에너지로 변하더라도 총량은 항상 일정하다는 것이다. 열 역학 제2법칙은 자연은 항상 엔트로피가 증가하는 방향 즉 무질서도가 증가하는 방향으로만 진행한다는 것이다.

물이 담긴 컵에 잉크 한 방울을 떨어트려 보자. 잉크는 물속으로 서서히 퍼져 나간다. 물속으로 잉크가 퍼져 나간 상태는 잉크와 물이 따로 있을 때보다 무질서한 상태다. 물에 잉크를 떨어트리면 항상 물속으로 퍼져 나갈 뿐 역으로 섞인 잉크가 한군데로 모이지는 않는다. 물속에 잉크가 섞이고 나면 아무리 오래 두어도 잉크와 물이 저절로 분리되는 경우는 없다. 즉 잉크가 퍼져 나가는 무질서한 방향으로 진행할 뿐이다.

이것은 무질서로 진행하려는 자연의 경향성을 나타내며, 반대 방향으로는 반응이 일어나지 않는다는 것을 보여 준다. 당구공이 충돌하는 동영상과 달리 물병이 깨지는 장면을 거꾸로 돌리면 이상하게 느껴진다. 이것은 엔트로피가 증가하는 방향으로 모든 일이 일어난다는 경험과 일치하지 않아 생기는 현상이다. 꽃병이 깨지고 잉크가 물속으로 흩어지는 것은 자연스럽지만 그 반대는 일어나지 않기 때문이다 (과학자들은 이러한 방향성 때문에 시간의 흐름도 방향성을 가진다고 생각하기도 한다).

세상이 항상 엔트로피가 증가하는 방향으로 진행한다면 인간의 자유 의지가 개입할 여지가 있을까? 자연의 방향성이 결정되어 있으니 그러한 세상에서는 인간의 자유 의지가 개입할 여지가 없는 듯했다.

인간의 자유 의지가 없는 결정론적 세계를 싫어했던 맥스웰은 무질서 속에서 저절로 질서를 만들어 내는 가상의 존재인 맥스웰의 도깨비를 생각해 낸 것이다. 그는 맥스웰의 도깨비로 자연이 항상 일정한 방향으로 변화하는 것이 아님을 증명하고 싶었다. 그렇다면 맥스웰의 도깨비는 어떻게 그런 일을 할 수 있을까?

맥스웰은 일정한 온도의 기체가 들어 있는 칸막이가 설치된 통이 있다고 가정했다. 이 칸막이에는 작은 구멍이 뚫려 있고, 구멍은 문을 열고 닫을 수 있다. 그리고 이 구멍에는 접근하는 기체의 속도를 보고, 문을 열고 닫는 도깨비가 있었다고 가정했다. 도깨비는 기체가 빠른 속도로 오면 문을 열고 느린 속도로 기체가 오면 문을 닫았다. 반대쪽 방의 경우에는 빠른 기체가 오면 문을 닫고 느린 기체가 오면 문을 열었다. 이러한 과정을 반복하면 한쪽에는 운동 속도가 빠른 기체

맥스웰의 도깨비

가, 다른 쪽에는 느린 기체가 모이게 될 것이다. 그렇게 되면 온도가 높은 기체(속도가 빠르다)와 온도가 낮은 기체(속도가 느리다)로 분리된다. 즉 맥스웰이 상상한 도깨비가 존재한다면 기체를 온도가 높은 쪽과 낮은 쪽으로 분리할 수 있다. 물속에 잉크가 이미 섞여 있더라도 맥스웰의 도깨비가 있으면 잉크와 물을 완벽하게 분리할 수 있다. 잉크 분자는 왼쪽, 물 분자는 오른쪽으로 보내면 되니까.

하는 일이 매우 단순하니 그러한 도깨비가 존재할 수 있을 것 같다는 생각이 들 것이다. 하지만 맥스웰의 도깨비가 있다면 세상은 더 이상 에너지 문제로 고민할 필요가 없다. 배는 바닷물에서 열에너지를 뽑아서 엔진을 작동시키고 냉장고는 전기가 없어도 작동된다. 배의 경우, 바닷물에서 뜨거운 물을 뽑아서 엔진을 작동시키고 뒤쪽으로 얼음물을 내보내면 된다. 또한 공기 중에서 열을 뽑아서 요리를 하고 찬 공기는 냉장고로 보내면 된다! 맥스웰의 도깨비가 존재한다면 이런 일이 가능하다. 이런 일을 하더라도 에너지 보존 법칙을 위배한 것은 아니다. 바닷물에서 열에너지를 뽑아 쓴 만큼 바다로 얼음물을 내보냈기 때문이다.(맥스웰의 도깨비는 김신 못지않은 능력자다!)

하지만 우리는 그러한 일이 결코 일어나지 않는다는 것을 안다. 도깨비가 공짜로 그런 일을 할 수 없기 때문이다. 미지근한 바닷물을 뜨거운 물과 찬물로 분리하려면 그런 일을 하는 기계에 에너지를 공급해야 한다. 결국 공급한 에너지보다 더 많은 일을 얻어 내지는 못한다. 맥스웰의 도깨비가 분자를 갈라서 질서를 증가시키는 모습은 엔트로피를 줄이는 듯 보이지만 결국 도깨비 자신이 엔트로피를 증가시키기 때문에 총 엔트로피는 증가하게 된다!

자연이 만들어 낸 기적, 생명

신에게서 받은 불멸의 삶. 불멸의 삶을 혹자는 축복이라고 여기겠지만 반드시 그렇다고 할 수는 없다. 인간과 함께 살다 보니 사랑하는 이들과 헤어져야 하는 이별의 아픔을 계속 겪어야 하기 때문이다. 고려에서 자신과 함께한 가족과 부하들이 죽었고, 도깨비가 된 후에는 자신을 따르는 가신들이 죽었다. 도깨비는 나이를 먹지 않지만 그를 모시는 가신들은 나이를 먹는다. 그들은 처음에는 도깨비의 아들이 되었다가 동생이 되고, 아버지가 되었다가 할아버지가 되어 결국 자신이 모시던 주군인 도깨비와 이별한다. 나이를 먹지 않는 불멸의 삶을 사는 도깨비와 평범한 인간이 함께 살면서 겪는 도깨비의 숙명이다. 도깨비 김신이 캐나다의 언덕을 찾은 것은 자신을 받들던 가신이자 친구였던 이들을 추모하기 위한 것이었다. 유한한 삶에서 불멸은 기적 그 자체다. 생명, 노화와 죽음 또한 자연의 방향성이기 때문이다.

맥스웰의 도깨비는 존재할 수 없다. 하지만 통계 역학은 기적이 있을 수 있는 여지를 남겨 둔다. 조금 전의 통 안에 빨간 구슬(속도가 빠른 기체)과 파란 구슬(속도가 느린 기체)를 넣고 무작위로 흔들어 보자. 구슬이 1개씩 있을 때는 흔들다 보면 각 구슬이 구멍을 통과해 양쪽에 하나씩 들어 있을 가능성은 50%다. 즉 도깨비가 없어도 충분히 두 구슬이 분리되어 각 통에 들어가는 일이 일어난다.

하지만 구슬의 수가 많아지면 아무리 흔들어도 두 구슬이 완벽하게 분리되어 통에 들어가는 일은 벌어지지 않는다. 여기서 중요한 것은 그 확률이 매우 작지만 0%는 아니라는 것이다. 따라서 매우 오래 흔들다 보면 믿을 수 없는 일이 벌어지기도 한다.

그러한 일이 일어났을 때 그것을 도깨비나 신의 존재를 믿고 신의 권능이라 부르건 기적이라고 부르건 또는 운이라고 부르건 그건 자유다. 단지 통계 역학의 관점으로 본다면 기적은 일어날 확률이 매우 낮은 사건이 일어난 것뿐이다. 드라마에서 도깨비가 기적을 기다리는 사람에게는 절대 가지 않는다고 말한 의미는 바로 일어날 확률이 너무 낮아서 그것을 바라고 사는 일은 현명하지 못하다고 충고하는 것이다.

영화 〈벤자민 버튼의 시간은 거꾸로 간다(The Curious Case Of Benjamin Button, 2008)〉에서 벤자민(브래드 피트 분)은 노인으로 태어나 점점 젊어져 결국 어린아이로 생을 마감하는 거꾸로 된 삶을 살아간다. 도깨비와 벤자민은 삶의 방식이 남들과 달라서 고통을 겪는다. 그들은 태어나서 자라고 늙어 가는 과정을 겪지 않는다. 그렇다면 근본적인 질문을 던져 보자. 인간은 왜 늙으면 죽게 되는 것일까?

생물학적으로 노화와 죽음의 이유가 완벽하게 풀린 건 아니다. 노화만 봐도 늙으면 병에 걸리는 것인지 병에 걸리면 늙는지 명확하지 않다. 죽음도 당연하게 받아들이지만 왜 생물이 죽어야 하는지 명확하지 않다. 노화와 죽음의 이유를 당연히 생물학에서 찾아야겠지만 여기서는 생물을 물질로 취급해 그 원인에 대해 생각해 보려고 한다. 생물도 물질이기에 물리적인 설명도 가능하기 때문이다. 아니 그보다는 근본적으로 생물도 물질로 구성되어 있으니 엔트로피로 설명이 가능해야 한다. 생물이든 아니든 물리 법칙에는 예외가 없으니까. 다시 말해 생명 현상의 비밀을 엔트로피의 증가로 설명할 수 있어야 한다는 것이다.

사실 생명체는 엔트로피 증가 법칙의 관점에서 보면 이단자처럼 보인다. 엔트로피 증가 법칙에 따르면 고립계(열 역학적으로 보면 고립계와 비고립계가 있다. 비고립계는 다시 열린계와 닫힌계로 나눌 수 있다. 고립계에서는 물질과 에너지가 외부로 이동할 수 없다. 열린계에서는 에너지와 물질이 주변으로 이동할 수 있지만 닫힌계에서 물질은 외부로 이동할 수 없고 에너지만 출입할 수 있다.)는 항상 무질서한 방향으로 흘러가야 한다.

하지만 단순한 분자를 이용해 복잡한 단백질을 만들어 내는 것처럼 생명체는 무질서한 자연에서 질서를 창출해 낸다. 마치 생명체는 엔트로피 법칙의 예외처럼 보인다. 물론 생명체도 엔트로피 법칙의 예외는 아니다. 생물은 환경으로부터 질서를 추출(음의 엔트로피)하고 주변에는 무질서를 배출한다. 물리학자 슈뢰딩거가 "생물은 주변으로부터 음의 엔트로피를 흡수해야만 살아갈 수 있다"고 표현한 것은 생물도 엔트로피 법칙에서 벗어나지 못한다는 뜻이다.

이를테면 이것은 에어컨을 틀어 집안의 온도를 낮추느라 실외기를 통해 더 많은 열을 집밖으로 배출하는 상황과 같다. 생물은 자신이 살아가기 위해 주변에서 에너지를 얻고 무질서함을 끊임없이 뿌리고 다닌다. 그게 생물이다. 하지만 생물에 의해 자연이 무질서해지기는커녕 오히려 자연은 질서정연하게 움직이는 것처럼 보인다. 이것은 우리가 사는 지구가 고립계가 아니기 때문이다. 지구는 대기권 밖에서 물질과 에너지의 출입이 가능한 열린계다. 열린계의 경우에는 엔트로피가 증가하지 않을 수도 있다. (지저분했던 방이 깨끗하게 정리가 되었다면 로봇 청소기가 일을 했기 때문이다. 이때 로봇 청소기가 일을 하기 위해서 외부에서 에너지가 공급되어 방 내부는 질서를 유지한 상태 즉 엔트로피가 감소한 상태가 될 수 있다. 방 밖에서 안으로 에너지를 공급하지 않는다면 방은 점점 무질서한 상태가 될 것이다.) 따라서 생물이 질서를 창출하는 것도 엔트로피 법칙에 위배되지 않는 것이다.

하지만 맥스웰의 도깨비는 다르다. 도깨비에게 별도로 에너지를 공급하지 않는다면 도깨비는 일을 할 수 없다. 도깨비가 질서를 만들 수 있는 것처럼 보이지만 실제로는 통 속에 질서를 창출하기 위해 통 밖으로 무질서도를 높이게 된다. 따라서 엔트로피는 계속 증가하게 된다. 질서는 저절로 생겨나지 않으며, 세상에 공짜는 없는 법이다. 인류가 문명을 발달시키며 질서를 창출하느라 자연에는 무질서를 계속 배출시켰다. 화석 연료를 써서 기계를 가동시키면 연료는 결국 열에너지와 오염 물질로 변해서 무질서하게 흩어져 버린다. 그렇게 해야 인간 사회의 무질서가 감소되어 엔트로피를 낮출 수 있기 때문이다. 하지만 지속 가능한 발전을 위해서는 엔트로피의 증가 속도를 늦춰야 한다. 에너지 공급 속도보다 엔트로피 증가 속도가 더 빠르면 결국 우리는 종말을 맞이하게 될 테니까.

물체가 가진 운동하는 정도를 운동량이라고 합니다. 좀 더 명확하게 말한다면 질량과 속도의 곱($P=mv$)을 운동량이라고 합니다. 움직이는 물체는 운동량을 가지고 있다고 할 수 있습니다. 항구에 정박한 배는 질량이 엄청나지만 자전거를 탄 사람보다 운동량은 적습니다. 정지해 있어 속도가 0이기 때문입니다. 뉴턴은 운동량을 변화시키기 위해서는 힘을 작용해야 한다고 생각했습니다. 즉 힘을 작용하면 물체의 운동량에 변화가 생깁니다.